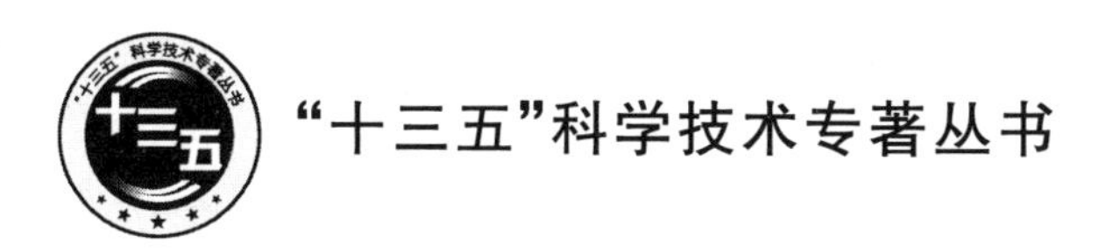

基于链路预测的推荐系统

——原理、模型与算法

朱旭振　编著

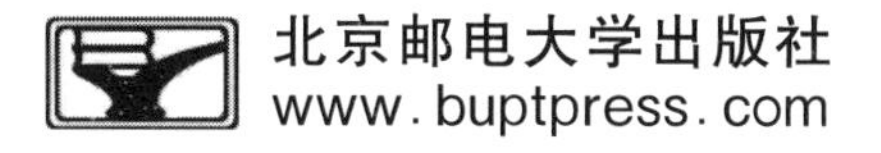

内 容 简 介

本书从复杂网络角度出发，研究基于相似性链路预测的协作推荐算法。本书主要面向广大的推荐算法研究者，希望能通过本书的介绍，帮助更多研究者步入推荐算法的研究之门。本书分为4部分：第1部分介绍复杂网络的基础知识以及网络分析软件Pajek的基本使用方法；第2部分介绍复杂网络上链路预测研究的一般方法、实验数据和性能指标，并给出笔者的几个研究实例；第3部分介绍基于链路预测的推荐算法研究，将一般网络上的链路预测研究思路扩展到二部图网络，基于物质扩散理论实现推荐系统建模，同时给出了笔者的几个研究实例；第4部分对本书进行总结，并对未来可能的研究方向进行展望。

本书不仅讲解了整体思路、单个问题的建模方法以及实验方法，还介绍了推荐系统建模的研究过程，抛砖引玉，注重引导新手入门。本书同时给出了大量实验数据、编程方法以及重要模块的代码，以期能铺石引路，以飨读者。

图书在版编目(CIP)数据

基于链路预测的推荐系统 ：原理、模型与算法 / 朱旭振编著. -- 北京 ：北京邮电大学出版社，2018.9

ISBN 978-7-5635-5486-7

Ⅰ. ①基…　Ⅱ. ①朱…　Ⅲ. ①互联网络—数据处理　Ⅳ. ①TP393.4

中国版本图书馆CIP数据核字(2018)第140667号

书　　名：基于链路预测的推荐系统——原理、模型与算法
著作责任者：朱旭振　编著
责 任 编 辑：徐振华　孙宏颖
出 版 发 行：北京邮电大学出版社
社　　址：北京市海淀区西土城路10号(邮编：100876)
发 行 部：电话：010-62282185　传真：010-62283578
E-mail：publish@bupt.edu.cn
经　　销：各地新华书店
印　　刷：北京玺诚印务有限公司
开　　本：720 mm×1 000 mm　1/16
印　　张：12.5
字　　数：244千字
版　　次：2018年9月第1版　2018年9月第1次印刷

ISBN 978-7-5635-5486-7　　　　定　价：38.00元

前　言

飞速发展的计算机、互联网和Web技术改变了人们的生活，人们在虚拟社区中结交好友，在新闻网站中浏览新闻，在视频网站中观看电影，在虚拟图书馆中查阅书籍，在电商平台中购买物品。但是，人们在享受多彩生活的同时也感受到了信息爆炸带来的不便，即人们无法在海量数据中快速有效地找到最相关的信息。电影、书籍、网页等信息的数据量动辄以千万级，这些数据信息的增长速度已经远远超过了人类的自然处理能力。在这种大数据的背景下，用户获取所需信息的代价越来越大，仅仅依靠传统人力的方式已经无法评价和选择这些物品。在这种情况下，有效过滤海量信息的最有吸引力的方法就是个性化推荐技术。它利用用户个人信息，如用户活动的历史记录，发现用户喜好，然后根据用户喜好进行推荐，例如，Amazon利用用户的购买历史记录向用户推荐书籍，AdaptiveInfo利用用户的阅读历史向用户推荐新闻，TiVo数字视频系统根据用户的观看模式和评分记录向用户推荐电视节目。

在广泛经济价值和社会意义的吸引下，众多研究者提出了多样的推荐算法，如基于内容的推荐、基于知识的推荐、基于关联规则的推荐、基于效用的推荐等。基于协作的推荐算法由于其对新奇兴趣的发现不需要领域知识，推荐个性化、自动化程度高，并且能处理复杂的非结构化对象，受到了广泛关注。而在协作推荐算法中，基于链路预测相似性的协作推荐算法由于其简单性、高效性和准确性得到了广泛关注。

本书从单一节点网络上的链路预测研究入手，研究端点间影响相似性的拓扑因素，并进一步基于超图理论和物质扩散理论，将研究结果扩展至二部图网络上，对二部图网络物品间的链路预测进行建模，发现物品间的相似性，结合协作技术完成推荐。本书首先介绍基础知识，使得读者对复杂网络有基本的认识，并介绍复杂网络分析工具Pajek；其次介绍一般网络上单一节点间的链路预测研究；再次介绍二部图网络上基于链路预测的协作推荐研究；最后进行总结并展望未来的研究方向。

本书采用问题描述、理论建模、数据仿真、性能计算的方法介绍各个实例的研究思路，通过笔者的研究举例，针对每个研究点介绍研究方法，并给出此项研究的参考文献，同时引导读者思考未来可能的研究思路。通过介绍各个研究案例，可以帮助读者快速进入未来的研究课题。

本书的撰写目的是通过理论介绍、实例讲解和代码分析引导感兴趣的读者尽快入门，同时希望解决读者存在的疑惑。本书适合于专注链路预测、推荐算法研究和理论建模的广大研究工作者、算法工程师和软件开发人员使用。希望本书能成为读者的进步阶梯和良师益友。由于笔者水平有限，本书难免存在偏颇之处，敬请读者多提宝贵意见。

朱旭振
北京邮电大学

目　　录

第1部分　基础知识

第2部分　复杂网络上的链路预测方法

第3部分　基于链路预测的推荐算法研究

第4部分 总结与未来展望

第1部分

基础知识

第1章　绪　　论

在科技高度发达的当今社会，随着计算机、互联网和智能终端的广泛应用，爆炸式增长的海量数据使人类社会进入了大数据时代。新的时代让人们的生活和工作方式发生了重大变化，尤其是在现实生活和工作中，网络环境占据了重要地位，帮助人们结识好友、在线交易等，给人们带来了极大便利，但同时也给人们的工作和生活带来了挑战。不断累积的信息已经远远超出了人们的处理能力，导致了一个尴尬的困境：人们面对着丰富的资源，却无法快速有效地找到急需的信息。幸运的是，人们的活动信息和交互信息已经实现了有效存储，利用存储的信息，研究人员可以研究高效的信息推荐系统，但是在研究推荐算法时，仍然存在很多问题：是否可以利用用户历史信息构建复杂网络，并借用一般网络下的链路预测方法发现相似性，进而完成推荐；利用何种链路预测方法可以更加有效地发现相似性；由于用户数据的稀疏性和非对称性，相似性估计是否存在偏差，如何修正；基于用户历史进行相似性推荐，对因果性的假设是否合理；基于相似性的推荐模型中是否存在相似性冗余；对个性化推荐而言，用户的多样化偏好和物品的高度流行性之间有什么关系，等等。这些都是研究高效推荐系统所必须解决的重要问题。

本章首先介绍了推荐系统的研究背景以及当前国内外研究现状；然后针对目前链路预测和基于链路预测的推荐研究，分析了所面临的挑战，并简要介绍了与本书相关的研究基础和理论方法，包括复杂网络理论、基于复杂网络的链路预测理论以及基于链路预测的推荐理论；最后介绍了作者在研究中所发现的重要问题、研究内容及研究思路，并给出了本书的组织结构和章节顺序。

1.1　研究背景

1.1.1　推荐系统的发展现状及特征分析

1. 推荐系统的概念

根据百度百科定义[1]："它是利用电子商务网站向客户提供商品信息和建议，

帮助用户决定应该购买什么产品,模拟销售人员帮助客户完成购买过程的系统。”推荐系统由3个重要部分组成:用户建模部分、物品建模部分和推荐算法部分。但是从本质上讲,推荐系统是在研究两个物品对象相关性的基础上,对未来用户选购可能性做出预测的系统。

根据对象节点是否单一,网络可分为:单一类别对象网络(例如传感器网络、通信网络、Internet网络、航空网络、电站网络、科学家合作网络、生物链网络、蛋白质网络等)和两重类别的二部图网络(例如常见的用户-物品网络等)。在前者网络中,基于单一类别对象间相关性,预测对象间发生连接可能性的算法被称为链路预测算法;而在后者网络中,基于物品和用户间相关性,预测未来用户选购物品可能性的算法被称为推荐算法。这两种算法之间存在着紧密关联,可以基于单一类别网络中的链路预测算法,提出更加有效的推荐算法。

2. 推荐系统的发展及现状

推荐系统起源于当今迅猛发展的计算机技术、互联网技术和Web技术。这些技术的快速发展不断改变着人们的生活,也累积了海量的数据:数以百万计的电影和音乐,数以十亿计的在线商品,数以万亿计的网页等。人们逐渐地从信息匮乏走向了信息过载[2],进入了大数据时代。

为了解决信息过载问题,科学家和学者们提出了众多有效的解决方案,其中最具代表性的就是分类目录和搜索引擎。这两种解决方案分别催生了互联网领域两家著名公司——雅虎和谷歌。目前比较著名的分类目录网站有国外的Lply、国内的Hao123等[3],这些分类目录网站将网站信息分门别类,从而方便用户根据类别查找网站。但是随着互联网规模不断扩大,分类目录网站也仅能覆盖少量热门网站,愈来愈不能满足用户的信息需求。此时,搜索引擎应运而生,以谷歌、百度为代表的搜索引擎,可以以关键词搜索的方式完成信息检索。但是若要搜索引擎实现有效检索,精准的关键词将是必要的前提。当用户无法找到准确的关键词,或者用户根本没有明确需求时,搜索引擎就显得力不从心。

鉴于搜索引擎能力的不足,研究者们设计出了新的信息获取工具——推荐系统。与搜索引擎相比,推荐系统也是一种帮助用户快速获取信息的工具。不同的是,推荐系统并不需要用户提供明确的需求,而是通过分析用户的历史行为,发现用户的兴趣爱好,从而主动地向用户推荐他们感兴趣的信息。因此,推荐系统和搜索引擎可谓是两个互补的工具,搜索引擎可以满足用户有明确目的的信息检索,而在用户没有明确目的时,推荐系统能够主动推荐信息,尤其在商品推销中,这种推荐的作用尤其显著。通常热销商品仅占商品总数的一小部分,而非热销商品数量巨大,造成了所谓的“长尾效应”[4]。这些非热销商品被称为长尾商品,它们的总销售额不可小觑,甚至在很多时候远远超过热门商品,更重要的是长尾商品往往能满足用户的个性化需求。通过分析用户偏好,推荐系统可以提高长尾商品的销售量。

推荐系统的雏形是在1995年3月美国人工智能协会上，由卡耐基梅隆大学的Robert Armstrong等人和斯坦福大学的Marko Balabanovic等人分别提出的个性化导航系统Web Watcher及个性化推荐系统LIRA[1]。到目前为止，推荐系统已广泛应用于众多领域：在电子商务领域，基于用户浏览记录，著名的Amazon和阿里巴巴公司都推出了高效的推荐系统；在视频推荐领域，基于用户对视频的大量浏览记录，Netflix、YouTube、优酷、爱奇艺等公司推出了主动式推荐服务；在个性化音乐推荐领域，著名的个性化音乐推荐软件有Pandora、Last. fm、豆瓣电台、酷我音乐盒等，它们从用户听歌历史行为中得到用户的兴趣模型，从而向用户推荐歌曲；在社交网站领域，Facebook、Twitter、人人网、新浪微博等建立虚拟社交社区，利用推荐技术推荐好友、推荐物品，甚至是推荐会话，不仅如此，丰富的社交网络关系和用户偏好数据与其他领域的应用积极结合，以实现协作推荐，例如Facebook与Amazon的结合，阿里巴巴与新浪微博的结合；在个性化阅读推荐方面，著名的GoogleReader、鲜果网等主动地向用户推荐感兴趣的文章，解决了在海量文章中，用户快速检索的问题，而且随着移动设备的广泛普及，推荐系统可以有效地实现在移动设备上的个性化阅读；在基于位置服务推荐方面，基于地理位置信息和用户的兴趣爱好，著名的Foursquare公司、玩转四方公司向用户推荐感兴趣的信息，例如餐馆、影院等；在个性化广告投放领域，在国外最成功的就是Facebook，而国内比较知名的有百度，他们根据用户的兴趣爱好，变传统轰炸式广告投放为精准投放，使用户愉悦地阅读感兴趣的广告。

由于人们生产生活的现实需求，推荐系统具有广泛的应用价值，在研究者们积极的推动下，推荐系统逐渐成为一个独立的研究领域。

3. 推荐系统的特征分析

(1) 以发现用户偏好为中心

推荐系统向人推荐，根本在于发现用户潜在的兴趣偏好，向用户推荐感兴趣的物品，这里用户偏好是推荐核心，用户偏好模型是推荐系统设计的关键。

(2) 主动式推荐

对于用户而言，用合适的关键词描述喜好有时比较困难，而且用户在很多时候是漫无目的的浏览，因此需要推荐系统提供主动式推荐。当今信息技术迅猛发展，为人们提供各种服务的网络应用层出不穷，人们也有了相比以往更大的选择空间，网络应用若要吸引用户并让用户产生忠诚感和信赖感，其推荐系统应具备发现用户兴趣并主动推荐的能力。用户浏览网络应用，并不一定会主动搜索其中的信息，若要增加用户的驻留时间，必须能发现用户的兴趣偏好，同时尽最大可能主动向用户推荐令其感兴趣的内容，唯有如此才能真正达到第一时间发现用户、第一时间吸引用户、第一时间服务用户，进而长久吸引用户的目的。

（3）推荐的准确性依赖于信息的充分性和有效性

推荐系统无须用户通过关键词来寻找感兴趣的物品，而是依据用户浏览或购买历史，主动分析用户的兴趣爱好，估计物品相似性并实现协作推荐。当向用户进行推荐时，以用户行为记录为基础，估计用户尚未选购物品与以往购买物品之间的相似性，推断用户比较感兴趣的物品，进而按照相似程度推荐给用户。推荐的关键问题是在无用户偏好信息输入的情况下，主动发现偏好，在这种情况下，推荐系统推断用户的兴趣偏好就要以充分的历史信息为基础，例如，物品的描述信息，物品被多人同时购买的信息，物品与物品同时被购买的信息等。信息不仅要充分，而且要有很高的质量，即没有冗余、缺失或错误。信息质量的好坏至关重要，可以想象，如果推荐系统缺乏足够的有效信息，又怎么能够做出合理的推荐呢？

（4）应用领域广泛，实现技术与应用相关

从产生到现在，推荐系统已经历了漫长的发展过程，在众多领域都有广泛应用，例如，电影和电视剧推荐、音乐推荐、书籍推荐、好友推荐、广告推荐等。在不同领域，物品类别、描述方式、详尽程度和用户使用方式等都有较大差异，因此，在不同领域进行物品推荐，关键要因地制宜，具体问题具体分析，运用适当技术进行推荐，例如，对于电影、歌曲等抽象多媒体物品，通常缺乏足够的描述信息，经常采用协作式推荐；而对于文档等直接用文字描述的物品，含义直白明了，易于采用基于内容的精确推荐。虽然在不同领域，所要解决的推荐问题各有侧重，但都会遇到除用户选购记录外，缺乏其他相关信息的难题。此时可以利用普适的协作推荐技术来解决，并根据应用领域的相关特征，设计具有特征适应性的协作推荐算法。

（5）多信息联合，综合推荐

前面已经提到，准确推荐需要充分有效的信息，但是在实际推荐应用中，还需要综合多种信息才能准确地完成推荐，例如，传统电影推荐系统是基于用户评分和浏览记录的协作推荐系统。如果在此基础上，能同时综合利用电影简介、评价或分类标签等信息，将能进一步准确地了解用户的兴趣爱好，提高推荐的准确性。因此，在研究实际推荐算法时，基于多样信息的发掘，实现综合推荐是设计推荐系统的有效思路。

（6）多样的建模方法

通常推荐系统应用环境差异较大，在不同环境中，选择合适的方法进行建模就显得尤为关键。推荐系统由三部分组成：用户建模部分、物品建模部分和推荐算法部分。这 3 个部分的建模是整个建模方法的核心，与推荐环境和应用紧密相关。在推荐环境中，如果文字信息描述比较充分，则可以选择基于文本内容的推荐算法；如果物品之间、用户之间及用户与物品之间的关系描述比较明确，可以依据知识逻辑推断未来用户可能选购的物品，则可以采用基于知识的推荐算法；如果只有用户对物品的选购历史记录，则采用协作推荐比较恰当，并且协作推荐可以基于向量相关性建模，基于链路预测发现的相似性建模，等等。总之，根据不同环境条件设计恰当的建模方法是研究有效推荐的基本思路。

1.1.2 推荐系统的国内外研究现状

随着互联网[5]和移动终端[6]逐渐进入人们的生活，新兴的信息技术使人们生活的各个方面变得丰富多彩。但是由于信息量的激增和处理能力的滞后，人们在享受生活便利的同时，也感受到了信息过载带来的烦恼。而推荐系统[7]可以积极主动地向人们推荐感兴趣的物品，使信息过载的被动状况得到极大改善。逐渐地，通过网络人们就可以足不出户地享受在线阅读[8]、在线观看电影[9]、在线交友[10]、在线购物[11]等诸多便利。推荐系统凭借其广泛的适应性和灵活性提供了多样的推荐服务，解决了人们在实际应用下的困扰，赢得了广泛赞誉。

推荐系统已经历了漫长的发展历史，吸引了来自于科学界和工程界的众多研究者，他们根据不同应用场景和条件研究出了多样的推荐算法[12,13]。

在互联网上，最早出现的数据是文字描述的文本信息[14]，承载信息的 Web 页面是互联网上最基本的交流媒介，这一形式到目前为止仍是主流。但是内容已变得丰富多彩，有诗歌、新闻、小说、评论等。由于人们使用网络越来越频繁，积累的文本信息也越来越多，导致人们寻找所需的文本信息变得越来越困难。而推荐系统利用自然语言处理技术，智能地理解并翻译文字内容，可靠地找到不同文本之间的相关性，表现出卓越的文本信息推荐能力。例如，一个讲解直板上旋球打法的文章和一个讲解直板下旋球打法的文章一定是非常相关的，如果用户阅读了上旋球打法的文章，说明他喜欢打乒乓球，而且喜欢直板弧旋球，那么他对讲解直板下旋球打法的文章也一定很感兴趣。再如，若电影具有充分的文字描述信息，推荐系统即可高效地找到不同电影之间的相似性，并向用户推荐感兴趣的影片。这种以挖掘和分析文本内容为基础，建立用户兴趣偏好模型的推荐方法被称为基于内容的推荐算法。基于自然语言处理和机器学习，涌现出了许多实用而高效的基于内容的推荐算法：通过用户交互信息，Dong 等人[15]自动评估物品内容和用户兴趣的关联性，基于在线优化内容进行推荐；在数据稀疏的情况下，利用评分和物品简介，Tang 等人[16]发掘物品与用户之间的关联关系，进而向用户推荐物品；基于深度学习方法，Pedro 等人[17]利用视频简介信息研究推荐算法；基于空间向量和 kapi BM25 信息检索模型，Cantador 等人[18]研究了基于物品简介和社会标签的推荐系统；在社交网络中，Debnath 等人[19]使用好友的简介信息实现好友推荐；Pazzani 等人[20]全面地描述了基于内容进行物品建模的推荐算法。

通过分析语义，一定程度上可以解决基于内容推荐的问题。但是若仅有对所需物品的限制条件，而缺乏明确的目的信息，例如，用户第一次购买相机，仅有相机性能要求，而没有明确的相机品牌要求，如价格范围、运动摄影性能，或者更加复杂的要求，此时，基于内容的推荐就显得力不从心。研究者们根据用户的现实需求、应用场景和知识逻辑，研究出基于知识的推荐方法。基于知识的推荐方法能根据用户的约束条件，按照约束规则给出推荐方案。基于用户提出的约束条件，Felfernig 等人[21] 和 Zanker 等人[22] 分别提出一种基于约束的推荐系统，而 Parameswaran 等人[23] 基于约束条件研究出一种学生课程的推荐算法。在基于约束条件的知识推荐系统之外，还有基于专家知识的推荐系统，这种推荐系统专注领域推荐，例如，在医药推荐中，用户输入自己的病症、病理影像资料以及以往病史等信息，根据医疗专业知识，推荐系统会自动给出针对病症的治疗方案及药品，总之，专家知识推荐系统需要专业的领域知识才能完成推荐过程。Zanker 等人[24] 研究了需要专业领域知识的推荐系统设计方法；基于专业知识，Felfernig 等人[25] 根据用户交互行为识别用户喜好，进而向用户推荐物品。

在特定应用环境中，基于内容和基于知识的推荐算法都表现出优异的性能，但总的来看，应用范围和应用场景比较有限，数据要求高，算法实现比较复杂。除了基于内容和基于知识的推荐算法，还有一种相对简单、应用更广、对环境要求较低的推荐算法——协作推荐算法。以用户浏览或购买历史信息为基础，结合外在辅助信息，例如文本、图信息、朋友关系等，协作推荐算法能准确分析用户兴趣爱好，并建立物品间相似性模型，进而向用户推荐感兴趣的物品。目前，对协作推荐算法的研究较多：Adomavicius 等人[26] 基于电影评分、分类简介、品位等多维信息估计电影之间的相似性，研究电影协作推荐算法；利用评分数据，Park 等人[27] 研究电影协作推荐算法；利用人口统计学等信息，Yapriady 等人[28] 研究音乐协作推荐算法；基于 MapReduce，Schelter 等人[29] 从大数据角度研究音乐协作推荐算法；通过估计用户与文档信息的相关性，Jung 等人[30] 实现文档的协作推荐算法；利用物品间的相似性，Sarwar 等人[31] 研究电子商务中的协作过滤算法。除了领域专用的协作推荐算法外，还有大量通用的协作推荐算法：通过建立概率模型，Yu 等人[32] 解决冷启动中的新用户问题，实现协作推荐；利用 Dempster-Shafer 证据理论法框架表达大量用户的不完整信息，Wickramarathne 等人[33] 通过决策过程处理这些不完整数据，并实现协作推荐算法；基于认知心理学的对象典型性，Cai 等人[34] 提出全新的协作推荐算法；通过提出协作过滤框架（Collaborative Filtering Skyline，CFS），结合协作过滤优势与 Skyline 操作，Bartolini 等人[35] 实现了基于用户之间相似性的协作推荐算法。除以上例子之外，还有很多别样的协作算法，基于新奇的想法和信息结构，他们从多个角度出发高效地实现协作推荐。虽然有较好的性能，但这些算法仍有明显不足：受制于表达能力和识别能力，算法很难准确描述出用户偏好和品味，复杂度高，应用困难。

在研究推荐系统的众多学者中，一些学者将目光投向复杂网络的研究方法，将推荐系统描述为二部图网络，通过分析网络结构特性，估计物品或用户之间的相似性,并根据浏览记录,向用户推荐与用户偏好相似的物品。基于二部图网络研究推荐的思想具有独到的创新性,但是在二部图网络上,研究物品节点相似性缺乏坚实基础。幸运的是在单一类别网络上,通过链路预测发现节点间相似性的研究已广泛展开,因此,基于单一类别网络上的相似性研究,可以辅助二部图网络上的相似性建模。在单一类别网络上,一些研究者通过抽取节点属性来计算节点间相似性,但是遇到了数据抽取和稀疏性的问题,另一些研究者基于对象节点间的拓扑关系估计对象相似性,表现为两个节点间发生链路的可能性,链路出现的可能性越大,就意味着节点越相似。在单一类别网络上,根据拓扑性质研究相似性的方法简便有效、适应性强,并且在二部图网络上,这些有价值的相似性预测结论可以辅助物品间相似性研究。

根据两个节点间拓扑路径长度,可以将单一类别网络上的相似性链路预测算法分为3类。首先是基于两跳路径长度的局部路径算法。通过研究两个节点间的公共邻居数目,Newman 等人[36]提出节点相似性链路预测算法,即 CN 算法;通过研究两端节点度的作用,Salton 等人[37]、Sørensen 等人[38]、Ravasz 等人[39]和 Leicht 等人[40]分别发现通过惩罚端点度可以准确预测未来链路,并分别提出 Salton Index、Sørensen Index、Hub Promoted Index 和 Leicht-Holme-Newman Index 相似性模型;通过研究好友社交网络,Adamic 等人[41]发现两个好友的相似程度与公共好友节点度的对数成反比,进而提出 AA(Adamic Adar)算法;通过研究资源分配规律,Zhou 等人[42]认为两端节点相似性与邻居节点的转发能力成正比,与邻居节点度成反比,进而提出了 RA(Resource Allocation)算法。其次由于基于局部路径研究链路预测,准确性较低,通过考虑两点之间所有长度路径,研究者们提出了全局路径算法。通过计算不同长度路径个数,并根据路径长度赋予不同权重,Katz 等人[43]提出了 Katz 算法;通过考虑节点间随机游走时间,Fouss 等人[44]提出了 ACT(Average Commute Time)算法,游走时间越短,两个节点越相似;通过研究两点间随机游走概率,Brin 等人[45]认为,从路径一端游走到另一端的概率越大,则两个端点越相似,进而提出了 RWR(Random Walk with Restart)算法。最后研究者们发现局部路径算法虽然简便,但是准确率较低,而全局路径算法虽然准确率高,但是过于复杂,可应用性较差,通过权衡准确率和复杂度,研究者们提出了半局部相似性算法。在 Katz 算法的基础上,Lü 等人[46]去除复杂度高、相似性传递能力较低的长路径,进而提出 LP(Local Paths)算法;通过考虑资源在有限长路径上的分配过程,Liu 等人[47]将两端节点度设置为初始资源,进一步研究出给定步长资源分配的 LRW(Local Random Walk)算法,同时考虑叠加有限长路径对资源传递能力的影响,又得到了 SRW(Superposed Random Walk)算法,无论是 LRW 还是 SRW 算法,它们都认为资源传输结束后,两端传输资源量越大,端点越相似。在二部图网络上,估计两个物品间的相似性与单一类别网络上链路预测相似性原理相近，因此，通过研究单一类别网络上的相似性链路预测，可以在二部图网络上，辅助研究基于拓扑相似性的协作推荐算法。

基于单一类别网络上的相似性链路预测，一些学者在二部图网络中研究物品间或用户间的相似性，从而提出有效的相似性协作推荐算法。基于用户相似性，Herlocker等人[48]提出UCF(User based Collaborative Filtering)协作推荐算法。基于pearson相关性计算物品相似性，Sarwar等人[31]提出OCF(Object based Collaborative Filtering)协作推荐算法。基于单一类别网络局部相似性链路预测算法，通过二部图网络的物质扩散模型，计算物品间相似性，Zhou等人[49]提出了NBI(Network Based Inference)协作推荐算法。基于单一类别网络的半局部相似性链路预测算法，通过惩罚长路径相似性冗余，Zhou等人[50]进一步提出了RE-NBI(Redundancy Elimination NBI)算法。在UCF的基础上，通过惩罚用户节点间的长路径相似性冗余，Liu等人[51]进一步提出MCF(Modified Collaborative Filtering)协作推荐算法。通过分析多样性与准确性之间的关系，Zhou等人[52]在NBI的基础上提出了混合推荐HPH(Hybrid Probs and Heats)算法。在二部图网络的资源扩散模型中，通过进一步研究初始物品资源度对终端物品资源度的影响，Zhou等人[53]发现，通过抑制初始物品资源度能有效增强个性化推荐的准确性，进而提出HNBI(Heterogeneous NBI)算法。在NBI的基础上发现通过惩罚被推荐物品的流行性，相比于HNBI能进一步增强个性化推荐的准确性，Lü等人[54]提出了PD(Preferential Diffusion)协作推荐算法。实践证明基于属性挖掘和内容挖掘的协作推荐算法比较复杂且应用性差，而基于相似性链路预测的协作推荐算法不仅具有较低的复杂度，而且具有较高的准确性。

在单一类别网络中，基于拓扑特性，涌现出了众多的相似性链路预测算法，这些算法有利于研究二部图中物品或用户节点的相似性，并基于物质资源扩散方法，进一步指导物品的相似性建模。当前，在国内外有众多学者研究基于链路预测的推荐算法，这表明基于链路预测的推荐算法有广泛的研究价值和应用前景，本书将首先研究更加有效的链路预测算法，并在链路预测的基础上，进一步研究相似性推荐算法。

1.2 相关理论基础

1.2.1 复杂网络理论基础

在21世纪前10年，*Nature*和*Science*上出版了多期与复杂性和网络科学相关的专辑，巴拉巴西教授在2012年*Nature*第一期上再次聚焦复杂性，在题为

“The network takeover”的评论中透彻地指出[55]:“还原论作为一种范式已经变得难以为继,而复杂性作为一个领域也已经无能为力。基于复杂系统的数学模型正以一种全新的视角快速发展成为一个新学科:网络科学。”目前,在分析系统内部特性和构造时,研究者们越来越倾向于把系统描述为复杂网络,将各个组成部分描述为节点,各个部分之间的联系描述为连边,如 Internet(互联网)和移动通信网络、WWW(万维网)、交通网络、电力网络、经济网络、社会网络、神经网络、新陈代谢网络、各种生物网络、生态网络等。越来越多的研究表明,这些看上去各不相同的网络之间有着许多惊人的相似之处。

1. 基本概念

① 网络:研究者们把复杂系统描述为网络,系统的组成部分被描述为网络节点,节点之间的联系被描述为连边,整个系统被描述成一个由点和连边构成的复杂网络。

② 复杂网络的图模型 $G(V,E)$:复杂网络中任一节点记作 v_i,所有节点组成节点集 $V=\{v_1,v_2,v_3,\cdots,v_n\}$,节点 v_i 和 v_j 之间的连边记作 e_{ij},所有连边的集合为 E,$|V|$表示网络中节点总数,$|E|$表示网络中连边总数。

③ 二部图网络:如果一个复杂网络中只包含两类节点,且只在不同类别节点之间发生连接,而同种类别节点之间不会发生连接,这种网络被称为二部图网络。二部图网络普遍存在于电子商务、推荐系统等环境中。当网络中节点的类型是用户和物品时,定义用户节点集为 $U=\{u_1,u_2,\cdots,u_m\}$,用户总数记作 m,物品节点集为 $O=\{o_1,o_2,\cdots,o_n\}$,物品总数记作 n,用户与物品之间的连边(在推荐系统中称为历史购买关系)集合定义为 E,所有连边总数记作$|E|$,则二部图网络记为 $G(O,U,E)$。

④ 路径:网络中两个节点之间顺序到达的节点序,例如 $v_1\rightarrow v_2\rightarrow v_3\rightarrow v_4\rightarrow v_5$ 是从 v_1 到 v_5 的一条路径。

⑤ 节点度:在无向网络中,节点度指的是连接到一个节点的所有连边个数,连边数越多,节点度越大。

⑥ 节点间距离:在两个节点间,顺序相连的连边个数称为节点间距离,例如,在路径 $v_1\rightarrow v_2\rightarrow v_3\rightarrow v_4\rightarrow v_5$ 中,节点 v_1 到 v_5 顺序经历了 4 条连边,则在这条路径上,v_1 到 v_5 的距离是 4。

⑦ 邻居:与一个节点直接相连的节点被称为这个节点的邻居节点。

2. 网络拓扑性质

① 出度:在有向网络中,从节点出发的连边个数称为节点的出度。

② 入度:在有向网络中,到达节点的连边个数称为节点的入度。

③ 网络平均度$\langle k\rangle$:在无向网络中,所有节点度的平均值,假设网络节点总数为 N,节点 i 的度为 k_i,则网络平均度为 $\langle k\rangle=\frac{1}{N}\sum_{i=1}^{N}k_i$。网络平均度用来衡量网络

节点的平均影响力。

④ 网络平均距离$\langle d\rangle$:网络平均距离是指在网络节点间,所有路径长度的平均值。网络平均距离可以衡量网络节点间的平均远近程度。

⑤ 网络直径d:指的是网络中所有节点间最短路径的最大值。

⑥ 聚类系数:网络聚类系数是指和一个节点相连的节点之间发生连边的比例的平均值。直观上讲就是,与一个节点相关的三角形比例的平均值。假定一个节点i周围有n个与之相连的点,而这n个节点之间有m条边,则节点i的聚类系数是$C_i=2m/[n(n-1)]$,假定网络节点数为N,可得整个网络的聚类系数为$C=\left(\sum_{i=1}^{N}C_i\right)\Big/N$。

⑦ 同配系数r:在有些网络中,度大的节点倾向于和度大的节点发生连接,这样的网络被称为同配网络;而在另外一些网络中,度大的节点倾向于和度小的节点发生连接,这种网络被称为异配网络。在网络中,同配系数r用来衡量节点度之间连接的倾向性,即同配异配性。当$r>0$时,表示网络是同配的,网络中大度节点普遍与大度节点相连,且r越大,同配性越强;反之,当$r<0$时,网络是异配的,网络中大度节点普遍与小度节点相连,而且r越小,异配性越强。计算方法参考本章参考文献[56]。

⑧ 度异构性H:网络中节点度分布差异较大,使用度异构性H来衡量网络节点度的偏差程度,$H=\langle k^2\rangle/\langle k\rangle^2$,这里$\langle k^2\rangle$表示节点度的均方值,$\langle k\rangle$表示节点平均度。

⑨ 网络稀疏性ρ:网络中实际边数与最大可能边数的比例称为网络稀疏性,假设网络节点数为N,已有边数为M,则网络稀疏性为$\rho=2M/[N(N-1)]$。

⑩ 度分布:表示网络中节点度的分布情况,一个节点,其度为k的概率等于度为k的节点数占总节点数的比例。有向网络有出度分布和入度分布。常见度分布有正态分布、均匀分布、幂律分布等。

⑪ 小世界网络:聚类系数很小且网络直径也很小的网络被称为小世界网络,反之称为大世界网络[56]。

⑫ 无标度网络:如果网络中的节点度服从幂律分布,那么这个网络被称为无标度网络。实际中很多网络都是无标度网络,如 Internet、社交网络、蛋白质相互作用网。

⑬ 随机网络:如果网络中的节点度服从泊松分布,那么这个网络被称为随机网络。

⑭ 弱连接关系:在两个端点间的路径上,如果中间节点具有较小的度,那么两个端点间的连接关系就被称为弱连接关系,反之被称为强连接关系[57]。

⑮ 六度分离:指的是世界上任何两个人之间最多需要 5 个人的联系就能发生

关联，说明世界上任何两个人之间的关系都是很近的[58]。

⑯ 三度影响力：世界上任何两个人之间的关系超过三度（即超过3个人）就会变得很弱，而发生关联所需中介人数越少，人们之间的关系越紧密[59]。

⑰ 社团结构：在网络中，有些节点之间连边较多，关系非常紧密，但与其他节点之间联系稀疏，则称这些节点之间形成了社团[60]。

1.2.2 链路预测理论

系统可以用复杂网络描述，系统中的组件可以描述成节点，组件间的联系或者交互可以描述为节点间的连边。随着系统的发展，很多尚未发生联系的组件未来可能会发生联系，预测未来哪些组件间会发生联系，即未来哪些节点间会产生新链路的问题被称为链路预测[61]。

链路预测算法可以分为基于相似性预测算法、极大似然估计算法和概率模型算法，但是由于极大似然估计算法和概率模型算法复杂度高、可用性差，并且本书以研究二部图网络上相似性推荐为目的，因此着重关注相似性链路预测算法。

依据节点间的拓扑结构，链路预测算法建立相似性预测模型，进而推断节点间未来发生连接的可能性。根据节点间拓扑路径长度，基于相似性的链路预测算法被分为3类：基于局部路径相似性、基于全局路径相似性和基于半局部路径相似性的链路预测算法。

① 根据非邻接节点之间公共邻居数目和性质，基于局部路径的链路预测算法建立相似性模型，公共邻居越多，则节点之间越相似。

② 考虑非邻接节点之间所有长度路径的拓扑结构，基于全局路径链路预测算法建立相似性模型，模型给较短路径赋予较大权重。

③ 考虑有限长路径的拓扑结构，基于半局部路径链路预测算法建立相似性模型，虽然较长路径能够传递相似性，但计算复杂度较高，并不能获得太多性能上的增益，因此，基于半局部路径相似性算法对计算复杂度和性能进行了折中，在保证较好预测性能的同时极大地增强了可用性。

1.2.3 基于链路预测的协同推荐理论

研究一般网络上链路预测算法，获得了许多关于拓扑相似性的结论，其中最重要的就是超图和物质能量扩散方法，对于研究二部图网络上的物品相似性，这些理论提供了有利条件。因此，可以基于链路预测算法研究协作推荐算法[62]。

超图可以屏蔽二部图网络上节点性质的差异，将整个网络看作无节点差异的超级图，在超图中可以实现信息的传播。为了研究两个物品间的相似性，需要首先研究两个物品节点间的拓扑结构，并进一步探索拓扑结构对物质能量的传递能力，传递能力越强，则两个物品越相似。同时参照链路预测算法建立物品相似性模型，推断物品间的相似性。

在获得物品间相似性评分后，根据用户以往购买历史，利用协作推荐技术，推断用户未来购买物品的可能性，将可能性较大的物品推荐给用户，实现基于链路预测的相似性推荐。

1.3 复杂网络下基于链路预测推荐所面临的问题及研究意义

1.3.1 面临的问题

基于链路预测技术，在复杂二部图网络上建模物品间相似性，并结合用户购买历史信息，完成协作推荐。二部图网络由两种不同性质的节点构成，导致物品节点间的拓扑路径中存在用户节点，这使得在二部图网络上，研究物品相似性变得困难。但是，基于超图和物质能量扩散方法，可以克服这一困难，实现相似性建模。因此本书的研究分为两部分：第一部分，在一般网络上，研究相似性链路预测问题；第二部分，基于相似性链路预测，研究二部图网络上的个性化推荐问题。

第一部分，一般网络上的相似性链路预测问题。

根据拓扑路径的长度，将一般网络上的相似性链路预测算法分为基于局部路径相似性、基于全局路径相似性和基于半局部路径相似性 3 种链路预测算法。

下面分别讨论 3 种链路预测算法存在的问题。

1. 基于局部路径相似性的链路预测算法

基于局部路径相似性的链路预测算法出现较早，应用也较多。它基于一个直观事实：两个端点的公共邻居越多，它们相连的可能性越大。在传统基于局部路径相似性的链路预测算法中，考虑的因素主要有三方面：第一是公共邻居数目，第二是两端节点度的影响力，第三是公共节点度的影响力。传统算法虽然已经有了较深入的研究，但是仍需进一步探讨。

对相似性的传递能力，传统算法着重考虑公共邻居数，却忽略了一个重要问题：邻居节点具有不同的中介能力和信息转移能力，并且端点间信息传输能力与邻居节点度成反比。于是，对于连边较多的邻居节点而言，由于其信息转移能力较差，被称为强关系节点；相反，连边较少、信息转移能力较强的邻居节点被称为弱关系节点。传统算法采用倒数形式表示强弱关系，但是模型过于简单，在度分布差异较大的网络中，难以自适应地突出弱关系，惩罚强关系。因此，在实际网络上，若具有较大度分布差异，如何自适应地控制强弱邻居关系，是链路预测算法亟待解决的问题。

2. 基于全局路径相似性的链路预测算法

基于全局路径相似性的链路预测算法，已经经历了长时间的研究，涌现出了许多算法，它们从整体网络出发，考虑所有长度路径的影响。但是对于全局性算法，网络中所有长度的路径都需要考虑，复杂度高，计算开销大，不适合实际网络应用，这里仅用作理论指导和对比研究。

3. 基于半局部路径相似性的链路预测算法

由于过长路径计算复杂、相似性传递能力弱，并且蕴含冗余性。因此，半局部路径相似性链路预测算法，在全局路径的基础上，删除相似性传输能力较小的过长路径，不仅降低了计算复杂度和冗余度，而且获得了较好的准确性和实用性，已经成为当前研究的热点。虽然半局部路径相似性链路预测算法已经取得较好的性能，但是仍有很多不足之处需要继续研究。

（1）基于路径异构性的链路预测问题

传统基于半局部路径相似性的链路预测算法，虽然考虑了不同长度路径，但是仍然忽略了路径上节点的中介能力，仅仅把路径视作不同长度的“一条线”。研究发现如果中间节点具有较小的节点度，那么路径就具有较强的信息传递能力。由于构成路径的节点度有差异，即使长度相同，路径的信息传递能力也不同，称这种性质为路径的异构性。路径拥有的小度节点越多，其连接的两个端点也就越相似，在未来，两个端点发生直连的可能性就越大。因此，研究半局部路径相似性链路预测，如何区分不同路径的异构性，值得进一步思考。

（2）基于端点影响力的链路预测问题

在复杂网络中，端点之间存在影响力，并且随着端点自身连边数的增加，端点影响力也会有所增加，这种影响力可以用端点的度数来衡量。但是进一步研究发现，对于两个端点的影响力而言，并不都能通过源端的连边传递到对端，说明端点影响力相对于对端节点存在冗余性，而这些冗余性会影响链路预测的准确性，因此控制端点影响力成了一个具有挑战性的问题。可以从抽取端点有效影响力的角度出发，直接消除冗余影响力，并从根本上突出真正有效的影响力，此外，研究发现不同路径传递影响力的能力也有差别。因此，需要在抽取有效影响力的基础上考虑路径差异，实现更加准确有效的链路预测。抽取有效影响力是从正面构建端点影响力模型，非常值得进一步研究。

第二部分，基于相似性链路预测，研究复杂二部图网络上的推荐算法。

基于一般网络下相似性链路预测算法，探索二部图网络上的相似性推荐，是一个直观而有意义的尝试。这方面的研究一直都在进行，并且吸引了众多研究者的关注。在二部图网络上，基于超图和物质能量扩散方法，研究物品之间相似性，并依据用户以往购买历史进行协作推荐。虽然基于链路预测的推荐算法已经有了一些研究成果，但是还有很多问题需要进一步研究。

（1）在个性化推荐中，存在相似性高估和低估问题

基于相似性链路预测的推荐，以物品间相似性为前提：如果两个物品同时被一

个用户选择，那么这两个物品就具有相似性，并且同时选择这两个物品的用户越多，这两个物品越相似。但是通过研究发现，这一假设比较粗糙，非常容易导致物品相似性的高估和低估问题。原因在于，传统的相似性理论仅强调从已选择物品到未选择物品这一正方向的相似性，而忽略了反方向的相似性。由于数据的稀疏性和非对称性，模型很可能认为，物品甲对于乙的相似度不等于物品乙对于甲的相似度，这显然是有误的，因为两个物品应该是同等相似的。单向相似性估计直接造成了物品相似性的高估和低估问题，而在个性化推荐算法研究中，这个问题恰恰极具挑战性。

(2) 在个性化推荐中，存在一致性问题

通过研究基于物质扩散的相似性推荐理论，发现物品间相似性存在高估和低估问题，进一步深入研究发现，传统推荐算法把相似性推荐理解为因果性推荐，最终导致了高估和低估问题，即认为推荐一个物品是因为用户购买了一个与之相关的物品，如果用户不购买前一个物品，则用户也不会购买后一个物品，这个理论显然存在问题。虽然用户一次购买物品的先后顺序和时间、地点等因素有关，但是这些因素并不能说明用户必须先买前一个物品才会买后一个物品。经过研究发现，用户之所以会购买两个物品，本质原因是用户对两个物品喜好的一致性，与购买顺序并没有关系。因此探索喜好一致性，并且提出更加准确的个性化推荐算法，是非常值得研究的问题。

(3) 在一致性偏好下，惩罚物品流行性的个性化推荐问题

在研究了一致性推荐算法后，需要进一步研究，处于链路端点的物品影响力对于相似性的影响。从一般网络中相似性链路预测规律可以看出，端点影响力会影响端点之间未来发生连接的可能性，而且在端点影响力中，冗余影响力不利于相似性估计，对于推荐算法有两层含义：首先，端点物品的影响力并不能全部影响到对端物品；其次，个性化推荐更多地关注用户个性化需求，而个性化需求流行度低，推荐过于流行的物品会偏离用户的个性化需求。综上所述，物品的流行度会对相似性估计和个性化推荐产生重要影响。因此，基于喜好一致性，研究如何降低物品流行性，是实现有效个性化推荐的重要问题，值得进一步研究。

(4) 在一致性偏好下，删除相似性冗余的个性化推荐问题

一致性推荐可以有效地克服单向相似性推荐带来的相似性高估和低估问题，但是由于物品之间相似性的关联性，导致用户多个已购买物品之间存在相似关系。如果同时基于多个相关联的已购买物品，推荐与它们具有相似属性的物品，在物质扩散理论的模型下，将会出现已购买物品到未购买物品之间物质资源传递的冗余，进而导致高阶的相似性冗余，而这种冗余相似性会进一步加剧相似性估计的偏差。不仅如此，通过反向相似性修正正向相似性，意味着高阶相似性冗余被双倍放大，引出了次生相似性冗余。因此，基于以上发现，研究如何在一致性估计条件下，删

除冗余相似性,就成了进一步提高推荐准确性、多样性和个性化的重要因素,值得深入研究。

1.3.2 研究意义

随着 Internet 和 Web 2.0 技术的蓬勃发展,信息技术打造了一个高速的信息时代。一方面,多样的信息网站随之出现,如在线购物网站、在线音乐网站、在线视频网站、在线新闻网站、在线社交网站等,渐渐显现出一个信息技术打造的生态圈;另一方面,人们的生活也发生了革命性变化,人们开始习惯于网上购物、在线欣赏音乐、在线观看视频、在线浏览新闻、在线交友等。在丰富的网络信息和纷繁多样的用户之间,推荐系统推动了用户与信息之间的快速智能交互。但是随着网络信息量的增加,难以计数的网页、音视频、商品等呈现出爆发式的增长,同时越来越多的用户选择使用推荐系统,这导致了推荐系统受众数量的指数增长,此外,用户具有多样性,也使得推荐系统难以满足不同用户的个性化需求。

因此,需要推荐系统更加高效、准确,并且对于用户的特殊喜好,能够做出更加个性化的响应,满足用户的个性化需求,同时增强用户的服务体验。而研究基于链路预测的推荐系统,着眼于网络拓扑结构相似性,利用协作过滤算法增强推荐性能,具有复杂度低、适用范围广、灵活性强的优点,通过进一步研究可以改善推荐性能,更好地解决信息检索问题。

总之,基于链路预测的推荐系统研究,既可以产生明显的经济效益,也可以产生重要的社会效益。此外,还可以帮助制造商更加准确地匹配用户需求。特别地,在移动互联网时代,通过分析用户信息,如购买历史、信息检索的环境数据(如用户移动速度、环境的声光电信息等),可以帮助挖掘人类的活动轨迹、行为规律。目前,基于链路预测的推荐算法,已经成了当前的研究热点。

1.4 研究思路

研究相似性推荐算法,基础是物品相似性,而研究物品相似性的方法较多,包括物品属性相似性、购买次数相似性、分类相似性等。实际上由于购买关系,用户与物品之间形成了一个二部图网络,通过研究物品间拓扑路径特性,可以发现物品间的相似性,进而根据用户购买历史,向用户推荐与已购买物品最相似的新物品,而且相似性越大,新物品被推荐的可能性越大。

在二部图网络中,基于物品间拓扑结构研究物品相似性,本质就是物品间的链路预测问题。为了研究基于链路预测的推荐算法,总体采用"两步走"思路。首先,研究一般网络上的链路预测问题,即基于拓扑特性,估计节点相似性。由于二部图网络由两种不同性质的节点组成，在物品节点之间，拓扑路径会包含用户节点，这给物品相似性研究带来了困难，但是问题本质是超图上的链路预测，因此研究一般网络上链路预测，可以辅助研究二部图网络上的相似性。其次，基于拓扑路径相似性，研究一般网络上的链路预测，获得了重要的物质能量扩散方法，可以以此为基础，研究二部图网络上的协作推荐技术。在获得一般网络上链路预测规律之后，接下来研究的重点是如何解决二部图网络上的节点差异性，并估计物品相似性。总之，通过分步策略，可以从熟悉到不熟悉，从简单到复杂，实现基于链路预测的推荐算法研究。总体研究思路如图 1-1 所示。

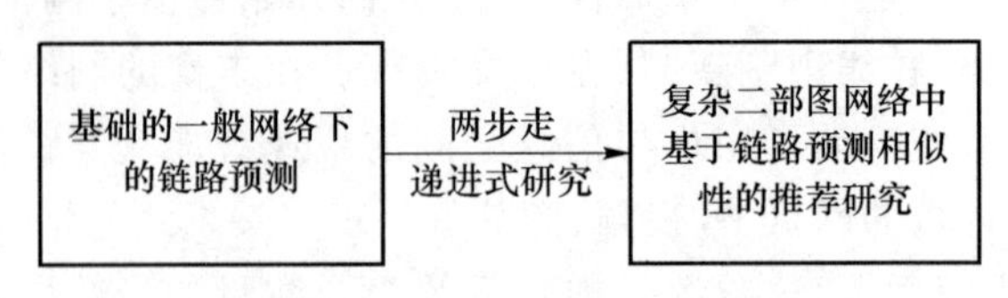

图 1-1 总体研究思路示意图

1.5 本书的主要内容

本书利用用户的历史行为信息，建立用户和物品之间的二部图网络，并在此基础上，研究基于相似性链路预测的协作推荐技术，其具有高效、便捷、适用性强等优点。为了研究二部图网络上的链路预测，实现相似性推荐，本书首先在一般网络上，研究了相似性链路预测技术的原理和一般规律，然后基于超图和物质能量扩散方法，实现二部图网络向一般网络的映射，最终在二部图网络上，利用相似性链路预测技术，研究推荐算法。在研究中发现，传统链路预测和二部图网络上的协作推荐算法都存在一些不足，因此，本书在研究和总结的基础上，对传统算法的不足提出了改进。

本书各章内容的安排及研究案例如下。

第 1 章为绪论。本章概述了链路预测和推荐系统的研究背景及现状，并分析了基于链路预测推荐的相关特性，总结了国内外研究者对推荐系统的探索工作，并在以往研究的基础上，分析了目前对于链路预测和基于相似性协作推荐而言，所面临的问题和挑战，最后介绍了本书所涉及的相关基础知识和理论方法。此外，本章还概括了作者所做的主要研究工作，以及本书的主要内容和研究案例。

第 2 章介绍了重要的网络分析软件 Pajek。为了让读者能快速上手 Pajek，在这章中简要介绍了 Pajek 软件的使用基础知识。为了能让读者快速准确地获取网络数据的基本属性，本章简要介绍了 Pajek 软件分析网络属性的方法。为了能让读者在接下来的模型研究中掌握实验的基础知识，本章简要介绍了 Pajek 软件抽取极大连通子图的方法。为了让读者快速实现网络数据可视化，本章特意介绍了Pajek软件网络画图的基本知识。为了让读者能与Pajek软件交互，使用Pajek软件分析处理实验数据，本章专门介绍了Pajek的重要基础文件——网络文件.net，并向读者介绍了文件的格式、语法、编写工具和注意事项。通过本章的知识，以期读者能快速有效地掌握基本的网络分析工具，辅助下一步的研究工作。

第3章介绍了基于相似性的链路预测研究。在复杂二部图中研究推荐算法，基于相似性的链路预测研究是基础。本章重点讲解了链路预测的研究方法、链路预测的典型研究成果、链路预测的实验数据以及链路预测的实验方法，以期帮助读者较为全面地了解链路预测的研究背景、整体研究思路、具体研究方案。不仅如此，为了帮助读者克服实验编程的困难，本章对实验重要环节的代码进行了讲解，希望能帮助读者快速掌握实验编程技巧。为了更好地引导读者进入未来的实验研究，本章最后给出了基于拓扑相似性链路预测的思考，希望能给予读者启发。

第4章介绍了基于弱关系进行相似性链路预测建模的研究案例。研究相似性链路预测建模，主要技术是发现不同网络中强弱关系分布的差异性，通过突出弱关系、抑制强关系，研究自适应链路预测算法。由于邻居节点中介能力差异明显，为了表达不同邻居节点的中介能力，算法根据节点度对弱关系邻居节点赋予较高权重，对强关系邻居节点赋予较低权重，然后将公共邻居的权重求和，最终建立相似性预测模型。

第5章介绍了基于路径异构性进行相似性链路预测建模的研究案例。研究相似性链路预测建模，通过突出路径中的小度节点，抑制大度节点，给不同路径设计差异化权重，区分不同路径对端点相似性传递能力的差异，突出相似性传递能力较强的路径。具体而言，使用指数惩罚因子，在每个中间节点上抑制大度节点、突出小度节点，基于路径相似性传递能力建模，进而综合考虑端点间所有路径的相似性传递能力，构建链路预测算法。

第6章介绍了基于端点影响力进行相似性链路预测建模的研究案例。研究相似性链路预测建模，通过考虑端点影响力和端点间连通能力，建模链路预测算法。而在这两点中，最关键的技术是如何建模端点影响力。本书从抽取有效影响力的角度出发，研究端点影响力：只有能传递到对端的影响力才真正有效。因此，有效影响力可以建模为连通两个端点的路径个数。而且在不同长度路径上，影响力传递效果有差异，应同时考虑不同长度路径的传递能力，完成相似性链路预测建模。

第7章介绍了推荐模型的研究方法。二部图研究推荐算法的总体思路：首先研究一般网络上的链路预测，以之为基础，进而研究二部图网络上的推荐算法，整体呈现出递进式的“两步走”策略。为了读者更容易理解基于链路预测推荐算法的概念和思路，第一，本章介绍了目前常见的推荐技术，给出了基于相似性链路预测协作推荐算法与常见推荐算法的关系，第二，介绍了基于链路预测推荐技术的研究方法，第三，介绍了相应推荐技术的典型研究成果，第四，向读者介绍了研究数据和评价指标，第五，向读者展示了基于链路预测推荐技术的实验方法。为了帮助读者快速进行实验，为数据建模分析打下坚实基础，本章对推荐算法的重要实验代码进行了讲解。同时，为了引导读者进入下一步的推荐研究，本章最后给出了未来可能的基于二部图推荐算法的研究思路。

第 8 章介绍了基于修正相似性进行二部图协作推荐建模的研究案例。研究个性化推荐算法建模，主要探索相似性估计出现偏差的原因，以及修正方法。通过研究发现，由于非对称性估计，导致了相似性估计的偏差，即只估计了正向相似性，却忽略了反向相似性，导致正向与反向相似性出现偏差，因此可以使用后向相似性来修正前向相似性。当前向和后向相似性无偏差时，可以增强已有相似性；当存在偏差时，可以校正偏差。创新点在于综合估计前向和后向相似性，修正相似性偏差。

第 9 章介绍了基于无偏一致性进行二部图协作推荐建模的研究案例。研究个性化推荐算法建模，建立一致性推荐模型。通过研究发现，传统推荐算法大多基于因果性推荐，导致相似性估计出现偏差，而用户购买物品是出于对物品一致性的喜好。经过探索发现，将前向与后向推荐可能性相加，可以表达推荐的无偏一致性。同时研究发现，虽然一致性喜好两个物品，但用户对两个物品的喜好程度仍有差别，因此可以进一步在前后两个相似性估计上各添加一个指数因子，调节喜好程度差别，最终实现非均衡一致性建模。

第 10 章介绍了基于一致性冗余删除的协作推荐建模的研究案例。在二部图网络中，两个物品如果同时被一个用户购买，那么它们就被认为是相似的，被越多的用户同时选择，那么它们就越相似。但是，在真实网络中，用户和物品构成的二部图具有稀疏性和异构性，物品对之间的相似性估计会存在高估或者低估的偏差，而这种估计偏差会反过来影响物品推荐的准确性。使用反向相似性修正传统的单向相似性估计，可以有效缓解估计偏差，提高推荐准确性。但是，经过深入研究发现，二部图上基于物质扩散理论的相似性推荐本质上存在高阶相似性冗余，而且这种高阶冗余性在正向和反向相似性估计中都存在，反向相似性对正向相似性进行修正的同时又进一步加重了高阶冗余性。因此，可以在修正的同时降低冗余相似性的干扰，提高推荐的多样性和个性化。

第 11 章介绍了一致性下基于惩罚过度扩散的推荐建模的研究案例。在二部图上的相似性协作推荐，存在由于网络稀疏性和异构性引起的物品间相似性估计偏差。以及由这些偏差进一步导致的虚假相似性，降低了推荐结果的准确性。深入研究发现，除了非对称扩散模型的估计偏差之外，物品过高的流行度会进一步影响推荐的多样性、个性化和准确性。非对称物质扩散和过度扩散在本质上造成了有偏的相似性估计和购买流行物品的误导。因此，在保证一致性推荐的前提下，考虑删除由于过度扩散导致的冗余流行性，将会提高推荐的准确性、多样性和个性化。

第12章，总结与展望。对本书的工作进行一个全面概括，总结了以往研究心得和体会，展望了未来研究方向。

本章参考文献

[1] 推荐系统[EB/OL].[2018-06-07]. http://baike.baidu.com/view/2796958.htm.

[2] Yang C C, Chen H, Hong K. Visualization of large category map for Internet browsing [J]. Decision Support Systems, 2003, 35(1): 89-102.

[3] 分类目录[EB/OL].[2018-06-07]. http://baike.baidu.com/view/601953.htm.

[4] Anderson C. The Long Tail: Why the Future of Business Is Selling Less of More [M]. New York: Hyperion Books, 2008.

[5] Pastor-Satorras R, Vespignani A. Evolution and structure of the Internet: a statistical physics approach[M]. New York: Cambridge University Press, 2004.

[6] Goggin G. Cell phone culture: mobile technology in everyday life[M]. New York: Routledge, 2006.

[7] Resnick P, Varian H R. Recommender systems[J]. Communications of the ACM, 1997, 40 (3): 56-58.

[8] Billsus D, Pazzani M J. Adaptive news access[C]// Lecture Notes in Computer Science. Berlin Heidelberg: Springer-Verlag, 2007: 550-570.

[9] Ali K, van Stam W. TiVo: making show recommendations using a distributed collaborative filtering architecture[C]//Proceedings of the Tenth ACM SIGKDD International Conference on Knowledge Discovery and Data Mining. Seattle: ACM, 2004: 394-401.

[10] Naruchitparames J, Güne M H, Louis S J. Friend recommendations in social networks using genetic algorithms and network topology[C]//Evolutionary Computation (CEC), 2011 IEEE Congress on. New Orleans: IEEE, 2011.

[11] Linden G, Smith B, York J. Amazon.com recommendations: item-to-item collaborative filtering[J]. IEEE Internet Computing, 2003(7): 76-80.

[12] Adomavicius G, Tuzhilin A. Toward the next generation of recommender systems: a survey of the state-of-the-art and possible extensions[J]. Knowledge and Data Engineering, IEEE Transactions on, 2005, 17(6): 734-749.

[13] Ricci F, Rokach L, Shapira B, et al. Recommender systems handbook[M]. New York: Springer-Verlag, 2010.

[14] WWW [EB/OL]. [2108-06-07]. http://baike.baidu.com/subview/1453/11336725.htm?fromtitle=%E4%B8%87%E7%BB%B4%E7%BD%91&fromid=215515&type=syn.

[15] Dong A, Bian J, He X F, et al. User action interpretation for personalized content optimization in recommender systems[C]//Proceedings of The 20th ACM International Conference on Information and Knowledge Management. Glasgow: ACM, 2011: 2129-2132.

[16] Tang X Y, Zhou J. Dynamic personalized recommendation on sparse data [J]. Knowledge and Data Engineering, IEEE Transactions on, 2013, 25 (12): 2895-2899.

[17] Pedro J S, Siersdorfer S, Sanderson M. Content redundancy in YouTube and its application to video tagging[J]. ACM Transactions on Information Systems (TOIS), 2011, 29(3): 13-13.

[18] Cantador I, Bellogín A, Vallet D. Content-based recommendation in social tagging systems[C]//Proceedings of the Fourth ACM Conference on Recommender Systems. Barcelona: ACM, 2010: 237-240.

[19] Debnath S, Ganguly N, Mitra P. Feature weighting in content based recommendation system using social network analysis[C]//Proceedings of the 17th International Conference on World Wide Web. Beijing: ACM, 2008: 1041-1042.

[20] Pazzani M J, Billsus D. Content-based recommendation systems[C]//The Adaptive Web. Berlin Heidelberg: Springer-Verlag, 2007: 325-341.

[21] Felfernig A, Burke R. Constraint-based recommender systems: technologies and research issues[C]//Proceedings of the 10th International Conference on Electronic Commerce. New York: ACM, 2008.

[22] Zanker M, Jessenitschnig M, Schmid W. Preference reasoning with soft constraints in constraint-based recommender systems[J]. Constraints, 2010, 15 (4): 574-595.

[23] Parameswaran A, Venetis P, Garcia-Molina H. Recommendation systems with complex constraints: a course recommendation perspective[J]. ACM Transactions on Information Systems (TOIS), 2011, 29 (4): 20-20.

[24] Zanker M, Ninaus D. Knowledgeable explanations for recommender systems [C]//Web Intelligence and Intelligent Agent Technology (WI-IAT),

2010 IEEE/WIC/ACM International Conference on. Washington: IEEE, 2010:657-660.

[25] Felfernig A, Gula B. An empirical study on consumer behavior in the interaction with knowledge-based recommender applications[C]//The 8th IEEE International Conference on E-Commerce Technology and the 3rd IEEE International Conference on Enterprise Computing, E-Commerce, E-Services. Washington: IEEE, 2006:37-37.

[26] Adomavicius G, Sankaranarayanan R, Sen S, et al. Incorporating contextual information in recommender systems using a multidimensional approach [J]. ACM Transactions on Information Systems (TOIS), 2005, 23 (1): 103-145.

[27] Park S T, Pennock D M. Applying collaborative filtering techniques to movie search for better ranking and browsing[C]//Proceedings of the 13th ACM SIGKDD international conference on Knowledge discovery and data mining. San Jose: ACM, 2007:550-559.

[28] Yapriady B, Uitdenbogerd A L. Combining demographic data with collaborative filtering for automatic music recommendation[C]// Knowledge-Based Intelligent Information and Engineering Systems. Melbourne: Springer-Verlag, 2005:201-207.

[29] Schelter S, Boden C, Markl V. Scalable similarity-based neighborhood methods with MapReduce [C]//Proceedings of the Sixth ACM Conference on Recommender Systems. Dublin: ACM, 2012:163-170.

[30] Jung S, Kim J, Herlocker J L. Applying collaborative filtering for efficient document search[C]//Proceedings of the 2004 IEEE/WIC/ACM International Conference on Web Intelligence. Beijing: IEEE Computer Society, 2004:640-643.

[31] Sarwar B, Karypis G, Konstan J, et al. Item-based collaborative filtering recommendation algorithms[C]//Proceedings of the 10th International Conference on World Wide Web. Hong Kong: ACM, 2001:285-295.

[32] Yu K, Schwaighofer A, Tresp V, et al. Probabilistic memory-based collaborative filtering[J]. Knowledge and Data Engineering, IEEE Transactions on, 2004, 16(1):56-69.

[33] Wickramarathne T L, Premaratne K, Kubat M, et al. Jayaweera. CoFiDS: a belief-theoretic approach for automated collaborative filtering [J]. Knowledge and Data Engineering, IEEE Transactions on, 2011, 23(2):175-189.

[34] Cai Y,Leung H F,Li Q,et al. Typicality-based collaborative filtering recommendation [J]. IEEE Transactions on Knowledge Data Engineering, 2014,26 (3):766-779.

[35] Bartolini I,Zhang Z J,Papadias D. Collaborative filtering with personalized skylines[J]. Knowledge and Data Engineering, IEEE Transactions on, 2011,23 (2):190-203.

[36] Newman M E J. Clustering and preferential attachment in growing networks[J]. Physical Review. E Statistical, Nonlinear, and Soft Matter Physics,2001,64(2):025102.

[37] Salton G,McGill M J. Introduction to modern information retrieval [M]. [S. l. :s. n.],1983.

[38] Sørensen T. A method of establishing groups of equal amplitude in plant sociology based on similarity of species and its application to analyses of the vegetation on Danish commons[J]. Biol. Skr. ,1948 (5):1-34.

[39] Ravasz E, Somera A L, Mongru D A, et al. Hierarchical organization of modularity in metabolic networks [J]. Science, 2002, 297 (5586): 1551-1555.

[40] Leicht E, Holme P, Newman M E J. Vertex similarity in networks[J]. Physical Review. E Statistical,Nonlinear,and Soft Matter Physics,2006, 73(2):026120.

[41] Adamic L A,Adar E. Friends and neighbors on the web[J]. Soccial Networks,2003,25(3):211-230.

[42] Zhou T,Lü L Y,Zhang Y C. Predicting missing links via local information [J]. European Physical Journal B,2009,71 (4):623-630.

[43] Katz L. A new status index derived from sociometric analysis[J]. Psychometrika,1953,18 (1):39-43.

[44] Fouss F,Pirotte A,Renders J-M,et al. Random-walk computation of similarities between nodes of a graph with application to collaborative recommendation[J]. IEEE Transactions on Knowledge and Data Engineering, 2007,19 (3):355-369.

[45] Brin S,Page L. The anatomy of a large-scale hypertextual Web search engine[J]. Computer Networks and Isdn Systems,1998,30(1):107-117.

[46] Lü L Y,Jin C H,Zhou T. Similarity index based on local paths for link prediction of complex networks [J]. Physical Review. E Statistical,Nonlinear,and Soft Matter Physics,2009,80 (4):046122.

[47] Liu W P,Lü L Y. Link prediction based on local random walk[J]. EPL (Europhysics Letters),2010,89 (5):58007.

[48] Herlocker J L,Konstan J A,Terveen L G,et al. Evaluating collaborative filtering recommender systems[J]. ACM Transactions on Information Systems (TOIS),2004,22 (1):5-53.

[49] Zhou T,Ren J,Medo M,et al. Bipartite network projection and personal recommendation [J]. Physical Review. E Statistical, Nonlinear, and Soft Matter Physics,2007,76 (4):046115.

[50] Zhou T,Su R Q,Liu R R,et al. Accurate and diverse recommendations via eliminating redundant correlations [J]. New Journal of Physics,2009,11 (12):123008.

[51] Liu J G,Zhou T,Che H A,et al. Effects of high-order correlations on personalized recommendations for bipartite networks[J]. Physica A-statistical Mechanics and Its Applications,2010,389(4):881-886.

[52] Zhou T,Kuscsik Z,Liu J G,et al. Solving the apparent diversity-accuracy dilemma of recommender systems[J]. Proceedings of the National Academy of Sciences (USA),2010,107 (10):4511-4515.

[53] Zhou T,Jiang L L,Su R Q, et al. Effect of initial configuration on network-based recommendation[J]. EPL (Europhysics Letters), 2008,81(5):58004-58007.

[54] Lü L Y,Liu W. Information filtering via preferential diffusion[J]. Physical Review. E Statistical, Nonlinear, and Soft Matter Physics, 2011, 83 (6):066119.

[55] Barabsi A L. The network takeover[J]. Nature Physics,2011,8 (1):14-16.

[56] Watts D J,Strogatz S H. Collective dynamics of "small-world" networks [J]. Nature,1998 (393):440-442.

[57] Lü L Y,Zhou T. Role of weak ties in link prediction of complex networks [C]// Proceedings of the 1st ACM International Workshop on Complex Networks Meet Information &Knowledge Management. Hong Kong: ACM,2009:55-58.

[58] Newman M,Barabási A L,Watts D J,et al. The structure and dynamics of networks [M]. New Jersey:Princeton University Press,2006.

[59] Christakis N A,Fowler J H. Connected:the surprising power of our social networks and how they shape our lives [M]. S. n. :Simon & Schuster Au-

dio,2009.

[60] Newman M E J. The structure and function of complex networks[J]. Society for Industrial and Applied Mathematics (SIAM Review),2003,45(2): 167-256.

[61] Lü L Y, Zhou T. Link prediction in complex networks: a survey [J]. Physica A: Statistical Mechanics and Its Applications, 2011, 390 (6): 1150-1170.

[62] Lü L Y, Medo M, Yeung C H, et al. Recommender systems [J]. Physics Reports, 2012, 519(1): 1-49.

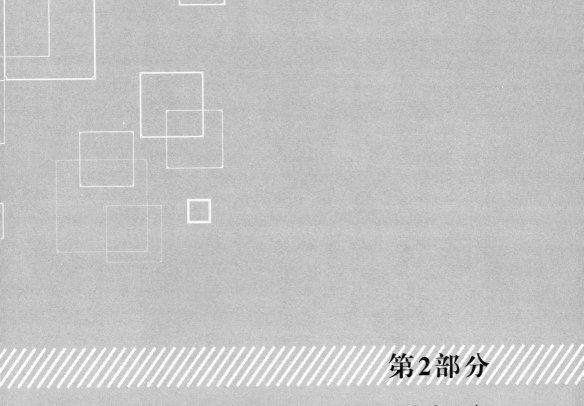

第2部分

复杂网络上的链路预测方法

第2章　网络分析软件 Pajek

Pajek 是大型复杂网络的分析工具，用于研究目前所存在的各种复杂非线性网络。Pajek 在 Windows 环境下运行，不仅为用户提供了一套快速有效分析复杂网络的算法，而且还提供了一个可视化界面，让用户可以从视觉上更加直观地了解复杂网络的结构特性。Pajek 软件可以在其官网主页上下载[1]，推荐使用 2.05 版本。本章介绍了 Pajek 的 6 种数据类型，并结合复杂网络的拓扑特点详细分析 Pajek 的功能。

2.1　Pajek 软件介绍

Pajek 运行在 Windows 环境，用于对几十甚至数百万个节点的大型网络进行分析和可视化操作。本书主要研究的网络都使用 Pajek 工具进行初步分析和可视化操作，包括合著网、化学有机分子网、蛋白质受体交互网、家谱网、因特网、引文网、传播网(AIDS、新闻、创新)、数据挖掘(二部图)等。

Pajek 的主要目的：

① 支持将大型网络分解成几个较小的网络，以便使用更持久的方法进一步处理；

② 向作用者提供一些强大的可视化操作工具；

③ 执行分析大型网络有效算法(Subquadratic)。

通过 Pajek 可完成以下工作：

① 在网络中搜索类(Cluster)(如社团、重要节点的邻居、网络核等)；

② 获取类节点并分别显示，或显示节点的连接关系(更具体的局域视角)；

③ 在类内收缩节点，并显示类之间的关系(全局视角)。

除普通网络(有向、无向、混合网络)外，Pajek 还支持多关系网络、二部图网络(两类异质节点构成的网络，连边只存在于异质节点之间)，以及动态网络(网络状态随时间演化)。在线数据仓库向用户免费提供大量网络数据，地址为 http://vlado.fmf.uni-lj.si/pub/networks/data/。

Pajek 软件的特点主要可以表现在 3 个方面：高速计算、可视化与抽象化。

2.1.1 高速计算

Pajek 为用户提供了一整套快速有效的算法，可用于分析大型复杂网络。

众所周知，一个算法的复杂度主要表现为时间复杂度和存储空间复杂度两个方面。随着存储技术的快速发展，空间复杂度已经不是非常重要的问题。相反，当复杂网络的节点数目非常庞大时，算法的时间复杂度就成了至关重要的影响因素。在 Pajek 中，所有的算法时间复杂度都低于 $O(n^2)$，即都为 $O(n)$、$O(n\log n)$ 或者 $O(n\sqrt{n})$。Pajek 的这一算法特点使得其有别于其他算法，可以快速处理大型复杂网络，这也是 Pajek 的魅力所在。

2.1.2 可视化

Pajek 的第二个特点就是它为用户提供了一个可视化平台。Pajek 为用户提供了一个非常人性化的可视化平台，只要在 Pajek 中执行画图菜单命令，就可以绘制网络图。而且用户还可以根据需要自动或者手动调整网络图，从而允许用户从视觉的角度更加直观地分析复杂网络特性。

2.1.3 抽象化

最后，Pajek 还为分析复杂网络的全局结构提供了一种抽象的方法。这个特点有利于从全局的角度分析复杂网络的结构。它提供的一套算法，不仅可以计算复杂网络宏观结构的各项特性，同时还可以使用户具体地分析复杂网络微观的各个节点和连边的属性。因此，Pajek 从微观和宏观两方面综合分析复杂网络，为更好地理解复杂网络的结构特性提供了极其有效的工具。

本章对 Pajek 的使用进行简要说明，同时向初学者推荐了一些有用的学习书籍[2,3]。

2.2 Pajek 软件使用基础

本章主要对 Pajek 软件进行简单介绍，其中包括 Pajek 的数据结构和 Pajek 的程序窗口。

图 2-1 显示了 Pajek 的主窗口〔Main Window，图 2-1(a)〕以及程序报告窗口〔Report Window，图 2-1(b)〕。其中，主窗口中显示了 Pajek 当前处理的对象和处理结果，这些对象和结果都是以不同文件格式显示在主窗口中的。而程序报告窗

口则主要显示复杂网络对象处理的相关信息，如计算总耗时、被处理复杂网络的节点数和边的条数等。从主窗口可见，Pajek 主要有 6 种数据结构，分别介绍如下。

(a)

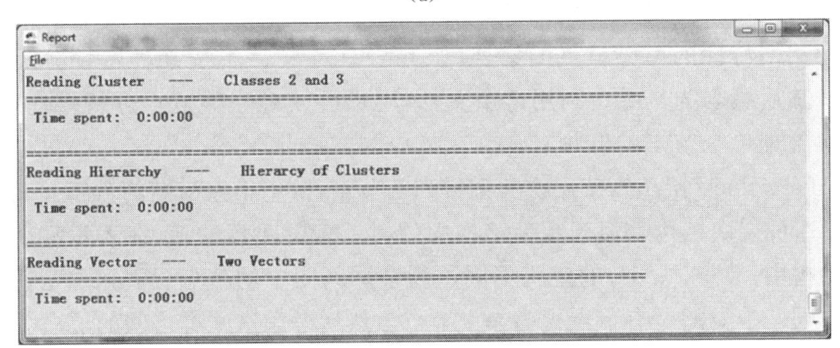

(b)

图 2-1　Pajek 窗口

① Networks(网络)：主要对象有节点和边。它是 Pajek 最基本也是最重要的数据类型，包括了整个复杂网络最基本的信息，如节点数、各节点的名称以及节点间各边的连接情况及其权值等，默认扩展名为 .net。在输入文件中，网络有多种表现方式：

- 利用弧线/边(如 1 2——从 1 到 2 的连线)；
- 利用弧线列表/边序列(如 1 2 3——从 1 到 2 的连线和从 1 到 3 的连线)；
- 矩阵格式；
- UCINET、GEDCOM、化学式。

② Partitions(分类)：它指明了每个节点分别属于哪个类。用户可以根据复杂网络中各个节点的不同特性将其人为地分为若干个类；同样地，以某种特性作为参

考标准(如节点度的大小、节点的名称、节点的形状等),Pajek 也可以自动将复杂网络中的各个节点按照用户指定的标准进行分类,这些分类的结果就输出为 Partition 文件(其后缀名为 .clu)。该文件以两列的形式表示处理结果,其中第一列为各节点的编号,第二列为节点所对应的分块(Partition)编号。

③ Vectors(向量):指明每个节点具有的数字属性(实数)。它以向量的形式为操作提供各节点所需的相关数据。例如,在构造一个随机复杂网络时利用一个 Vector 文件给出各个节点的度,由此构造一个随机复杂网络。另外,也可以输出由 Pajek 得到的相关处理结果。例如,利用 Pajek 求各节点的度,其结果就保存在一个 Vector 文件中。Vector 文件的后缀名为 . ver。

④ Permutations(排序):将节点重新排列。与 Partitions 类似,它同样可以由用户人为指定或者由 Pajek 自动根据某种算法排序(如按度的大小排序、随机排序等)。Permutation 文件会给出各节点新的排列顺序,其后缀名为 . per。与 Partition 类似,需要注意的是文件中给出的是重新排序后各节点的序号,而不是各个序号所对应的节点。

⑤ Clusters(类):节点的子集(如来自分类中的一个类)。它表示复杂网络中具有某种相同特性的一类节点的集合,如 Partition 文件中按某种特性分类后的一类节点。其后缀名为 . cls。利用这个文件,用户可以对一类节点进行操作,因而避免了多次处理单个节点的麻烦。

⑥ Hierarchies(层次):按层次关系排列的节点,常用于家谱图的分析。其后缀名为 . hie。这种层次结构类似于数据结构中的树。需要注意的是,在表示复杂网络层次结构的树中,节点(Node)的定义不同于复杂网络图中的节点(Vertice)。树中将复杂网络中同一个类的所有节点视为一个节点。然后考虑这些类之间的层次关系。

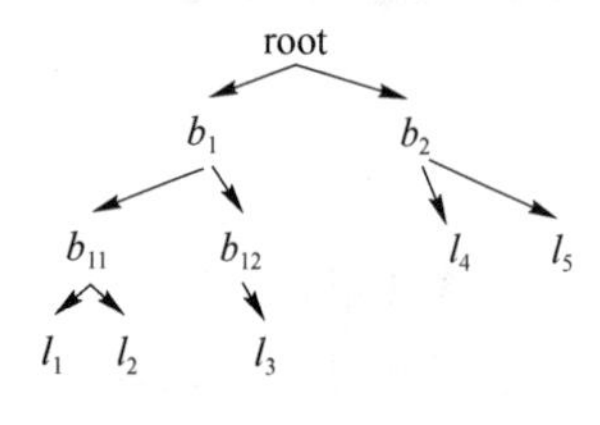

图 2-2 层次结构示意图

如图 2-2 所示,根节点 root 下面有两个子群:b_1 和 b_2。b_2 是一个树枝节点,包含 l_4、l_5 2 个叶节点。b_1 又包含两个子群:b_{11} 和 b_{12}。默认文件扩展名为 . hie。

Pajek 根据输入时的数据类型来组织主窗口中的模块。排序、分类和向量用于分别从不同角度反映节点的性质,如节点组织顺序、类别和数字特性。

2.3 Pajek 软件分析网络属性

本节主要介绍如何使用 Pajek 软件来分析网络属性。如前文所述,Pajek 算法有效,运算速度快,可用于分析大型的复杂网络。不过在本节中,主要着重于介绍 Pajek 的功能和使用方法,为了便于介绍,选取的例子都是一些具有代表性的小型复杂网络。文中介绍的各项功能都可用于分析大型复杂网络，只是处理的节点数目不同而已。

2.3.1　度的计算

度是复杂网络节点属性中最简单也是最重要的性质。一个节点 i 的度 k 定义为与它相连的节点数目。因此，从直观上看，一个节点的度越大就意味着这个节点越重要。

对于有向图，一个节点的度可分为入度和出度两类。节点 i 的入度定义为指向节点 i 的节点的数目，出度为被节点 i 指向的节点数目。出度和入度之和即为该节点的总度。利用 Pajek 中 Net/Partitions/Degree 菜单下的 In/Out/All 3 个命令可分别对有向图的节点求其入度、出度和总度。对于无向图，则只需用一个 All 命令即可。

在 Pajek 中对该网络执行 Net/Partitions/Degree/All 的菜单命令，处理结果为一个 Partition 文件，它按照每个节点的度大小为网络中所有节点分类，而类的标号就是节点的度。对于一个非常复杂的网络（如 Internet 网络），光凭肉眼很难判断哪些节点比较重要（如找出 Internet 网络中的 hub 节点）。此时，可以利用 Pajek 计算复杂网络中各节点的度，根据各节点度的大小可以很容易地判断其重要性。

2.3.2　两点间的距离

1. 两点间的最短距离

顾名思义，复杂网络中连接两个节点 i 和 j 的最短路径，即找到这样一条路径，使得从节点 i 到 j 所经过的边数最少。对于有权复杂网络而言，如果考虑权值，则最短路径为使得这条路径所经过的各边权值之和最小的路径长度。

图 2-3 所示为一个 36 节点的测试网络，对于图中节点 5 与节点 7 之间的最短路径，只需在 Pajek 中执行 Net/Paths between 2 vertices/One shortest 菜单命令，在弹出来的对话框中输入 5 和 7 两个节点，则可以得到这两个节点之间的最短路径。输出的结果为一个 Partition 文件。其中，若一个节点对应的类序号为 0，则表示最短路径不经过该节点；若为 1，则表示最短路径经过该节点。

另外，Pajek 还可以显示出这两个节点之间的最短路径的网络图，用户通过这个网络图，可以更加直观地看到这两个节点之间的最短路径。如图 2-3 所示，即从节点 5 经过节点 15、节点 6，然后到达节点 7。

实际上，一个复杂网络两个节点之间的最短路径可能不只一条，用户利用 Pajek 提供的 Net/Paths between 2 vertices/All shortest 菜单命令可以得到两点之间所有的最短路径。

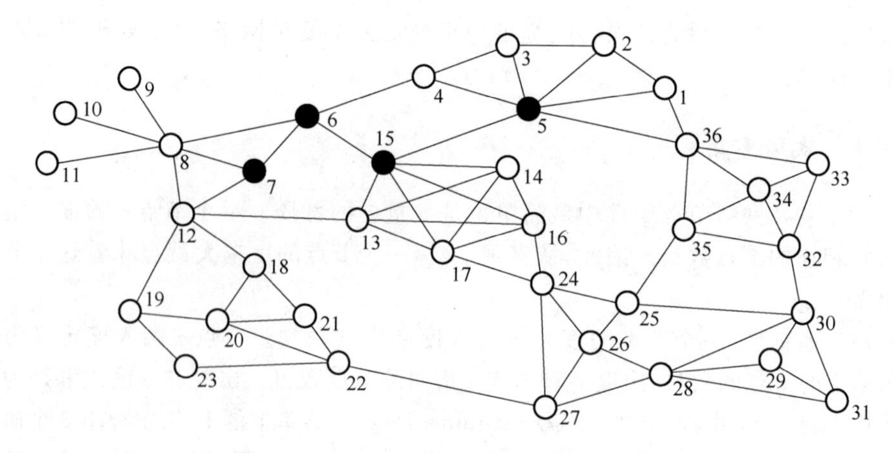

图 2-3　最短路径示意图

2. 复杂网络的直径

复杂网络中两个节点 i 和 j 之间的距离 d_{ij} 定义为连接着两个节点的最短路径上的连边数，而复杂网络中任意两个节点间距离的最大值称为复杂网络的直径 D。利用 Pajek 中的 Net/Paths between 2 vertices/Diameter 菜单命令，可以求得网络中距离最大的两个节点及网络直径（该输出结果在报告窗口中显示）。

3. k 步内的路径

从节点 i 出发，如果经过一条路径（对于无向图，可重复经过同一条边，即可以从节点 i 到节点 k，又从节点 k 回到节点 i，计作两步），可以在规定的 k 步内到达节点 j，则这条路径就称为节点 i 到节点 j 的 k 步内路径。

利用 Pajek 中的 Net/Paths between 2 vertices/Walks with Limited Length 菜单命令，可以求得从节点 i 到另一个节点 j 的所有 k 步内路径。

2.3.3　k 近邻

已经知道，如果节点 i 与节点 j 有一条连边直接相连，那么这两个节点就互为邻居。类似地，如果节点 i 通过 k 条连边与节点 j 相连，那么这两个节点就互为 k 近邻。对于有向图而言，则分为 k 出近邻和 k 入近邻两种。如果从节点 i 出发，沿着有向边箭头的方向，通过 k 条边可到达节点 j，则节点 j 是节点 i 的 k 出近邻，而节点 i 则为节点 j 的 k 入近邻。对于有向图，如果忽略边的方向，就可以当作无向图来求其节点的 k 近邻。

另外，利用 Net/k-Neighbors/All 的菜单命令，即将整个网络图视作无向图，求其节点的 k 近邻。

2.3.4　聚类系数

1. CC_1——聚类系数

在复杂网络中，一个节点的两个邻居节点之间也可能存在连边，这种属性称为复杂网络的聚类特性。一般地，假设复杂网络中的一个节点 i 有 k_i 条边将它和其他节点相连，这 k_i 个节点就是节点 i 的邻居。显然这 k_i 个节点之间最多可能有 $k_i(k_i-1)/2$ 条边。k_i 个节点之间实际存在的边数 $E_1(i)$ 和总的可能存在的边数 $k_i(k_i-1)/2$ 之比就定义为节点 i 的聚类系数(Clustering Coefficients)$CC_1(i)$，即：

$$CC_1(i)=2E_1(i)/[k_i(k_i-1)] \tag{2-1}$$

整个复杂网络的聚类系数 CC_1 就是所有节点 i 的聚类系数的平均值，即：

$$CC_1=\frac{\sum_{i=1}^{N}CC_1(i)}{N} \tag{2-2}$$

其中，N 为整个复杂网络的节点数。很明显，$CC_1\leqslant 1$。当且仅当复杂网络是全局耦合时，即复杂网络中任意两个节点都直接相连时，$CC_1=1$。

需要注意的是，聚类系数是针对无向图而言的。因为它研究的是节点邻居之间的连接紧密程度，因此，不必考虑边的方向。对于有向图，Pajek 都是将其作为无向图来处理的。

利用 Pajek 中的 Net/Vector/Clustering Coefficients/CC1 菜单命令，可对网络求得其各个节点的聚类系数 CC_1。Pajek 中，计算会有两个输出结果，一个是 Partition 文件，它表示网络中连接各个节点邻居的边数；另一个是 Vector 文件，它表示网络中各个节点的聚类系数。

2. CC_2——2 近邻聚类系数

与 CC_1 类似，如果考虑复杂网络的 2 近邻，就可以得到复杂网络的 2 近邻聚类系数。引入一个新的量，它表示节点 i 的邻居节点与其 2 近邻节点间的连线数目，则节点 i 的 2 近邻聚类系数定义为：

$$CC_2=\frac{E_1(i)}{E_2(i)} \tag{2-3}$$

式(2-3)表示的是节点 i 的邻居节点之间存在的边数与邻居节点和 2 近邻节点间存在的边数之比。同样地，整个复杂网络的 2 近邻聚类系数 CC_2 就是所有节点 i 的 2 近邻聚类系数的平均值，利用 Pajek 中的 Net/Vector/Clustering Coefficients/CC2 菜单命令，可求得复杂网络各个节点的聚类系数 $CC_2(i)$。

2.4 Pajek 软件抽取极大连通子图

极大连通子图是指把图的所有节点用最少的边将其连接起来的子图，所以极大连通子图不唯一，利用 Pajek 可以获得网络的极大连通子图，操作步骤如下。

① 利用 Pajek 中的 Net/Components 菜单下的 Strong 和 Weak 两个命令可以求出复杂网络的强连通和弱连通分量（对于无向图来说，这两个命令得到的结果是一样的）。输出的结果为一个 Partition 文件，其中各节点所属的类编号即它所属连通分量的编号。也就是说，编号一致的节点是连通的，而编号不同的节点则是不连通的（无向网络，一般选择 Weak，对话框中默认为 1）。如果想要得到网络文件，在得到 Partition 的基础上，点击 Operations/Extract from network/Partition，就可以得到极大连通子图的网络文件。

② 在图画窗口中选择 Layout/Energy/KK/SC，然后在图画窗口中选择 Options/MVU/PC 得到图形。"N"为网络中极大连通图中 Partition 的编号。值得注意的是，如果数据量很大，画图需要消耗很多时间，可以直接填上"1"，虽然这么做准确性很高，但不能保证无误，对比得到的子图节点数量就可以判断是否正确。如果规模不大，画图这一步最好保留。

③ 回到 Pajek 的主窗口，选择 Partition/MC，填上 N（极大连通图中 Partition 的编号）。

④ 回到 Pajek 的主窗口，选择 Operations/EfN/Cluster，这样就提取出了原网络的极大连通图。

⑤ 进行验证，在 Pajek 主窗口画图，在图画窗口点击 Layout/Energy/KK/SC 便可以得到图形结果。

2.5 Pajek 软件网络画图

在前面曾经提及 Pajek 的三大功能特点，其中一个就是可视化。在 Pajek 的主菜单中有一个 Draw 菜单命令，Pajek 在这个菜单下为用户提供了一系列命令，允许用户绘制复杂网络图，调整复杂网络图的视觉效果，调整复杂网络图的布局，等等。

2.5.1 绘制复杂网络图

利用 Pajek 中 Draw 菜单下的 Draw 命令可以绘制出单个复杂网络图，从而允许用户从视觉的角度直观地分析整个复杂网络的结构。执行该命令后，将会弹出一个图形窗口，在该窗口中显示出复杂网络的结构图。在该窗口中，利用鼠标左键可以将被选中的某个节点手动拖动到任意位置。这样，用户可以根据需要手动调整各个节点的位置从而达到最佳的视觉效果。用右键单击某个节点，首先，可根据需要对该节点相连的所有连边进行修改，包括修改一条边的权值，添加或者删除一条边等。其次，如果用户需要将某一区域放大，从而得以仔细观察这一区域的结构，只需用右键拖动并选择该区域即可。

此外，用户在观察复杂网络图时，有时希望知道其中各节点或者边所代表的实际意义。而 Pajek 允许用户用多种方法来标识各节点和连边。其中，标识节点的方法都位于绘图窗口中 Options/Mark Vertices Using 的菜单下，包括用节点的编号(Numbers)、名称(Lables)来标记或者不做任何标记(No Label)等。标识边的方法也在绘图窗口 Options/Lines/MarkLines 的菜单下，包括用边的名称(with Labels)、权值(with Values)来标记或者不标记(No)。相反地，有时用户更希望知道复杂网络的整体结构，而不关心网络细节，如各节点或者各条边的名称或者权值。此时，只要利用图形窗口中的 GraphOnly 菜单命令就可以取消节点和连边的标记等多余信息，而仅仅显示整个复杂网络的图结构。复杂网络画图示意如图 2-4 所示。

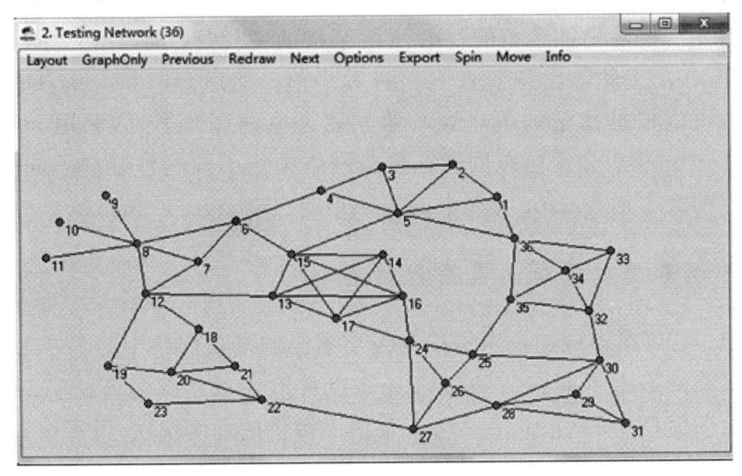

图 2-4　复杂网络画图示意

2.5.2　绘制不同类节点的复杂网络图

前面已经提到，Pajek 允许用户对各个节点进行分类，在一个 Partition 文件中给出各个节点的分类。而更多的时候，用户希望能够从复杂网络图上直观地看到各个节点的分类情况。在 Pajek 中，每一个编号的类对应着一种默认的颜色。因此，用户可以非常方便地绘制包含不同类节点的复杂网络图。

对于被选中的复杂网络，同时给出表示各节点分类情况的 Partition 文件，只需利用 Pajek 中的 Draw/Draw-Partition 菜单命令，就可以绘制一个利用不同颜色显示节点的复杂网络图。在该图中，用鼠标中键点击某个节点即可改变它所属类的编号，且每点一下该节点所属类的编号就加 1，而该节点的颜色也随之发生相应的变化。另外，按住 Ctrl 键同时利用鼠标左键也可以实现相同的功能，而按住 Alt 键再利用鼠标左键，依次点击某个节点，也可以改变这个节点所属的类，不同的是每点一下，类的编号就减 1。已知用鼠标左键可以拖动被选中的某个节点到图中的任意位置。在 Pajek 中，还允许用户拖动同一类的所有节点。操作非常简单，用户只要在想拖动的一个类中的某个节点附近（注意不是这个节点上）用鼠标左键点击拖动，则该节点所属类的所有节点也将随之移动。

2.5.3 绘制不同大小节点的复杂网络图

前面所说的复杂网络图中的节点都具有同等大小。对于某些情况，用户为了表述各个节点的不同重要性，希望可以用不同的大小来表示各节点，节点越大表示它的重要性等级越高。这样，从图上就可以直观地看出各节点的重要性等级。Pajek 允许用户用不同的大小来绘制复杂网络中的各个节点。

用户事先需要给出欲绘制的复杂网络结构的文件（Network 文件），同时还需要用一个 Vector 文件给出各节点的相对大小值。然后，利用 Draw/Draw-Vector 菜单命令就可以根据指定的节点大小绘制复杂网络图。另外，利用 Draw/Draw-Partition-Vector 菜单命令可以同时在复杂网络中用不同颜色绘制不同类的节点，并且各节点的大小由 Vector 文件中的值来指定。

2.5.4 绘制不同权值边的复杂网络图

已知 Pajek 可以允许用户用不同的大小来绘制复杂网络中的各个节点，同样，对于加权复杂网络中不同权值的边，Pajek 也可以通过绘图的方法直观地表示出来。利用绘图窗口中的 Options/Lines 菜单下提供的几个选项，可以选择用不同的方式来表现权值不同的边。例如，若 Different widths 复选项被选中，则表示当边的权值不同时，图中边的宽度也不同，权值越大，边越宽。而如果选中 Greyscale 复选项，则表示当边的权值不同时，图中边的灰度也不同，权值越大，灰度越大。

2.6 网络文件 .net 简介

Pajek 操作网络最基本的文件就是网络文件 .net，正确对 .net 文件进行分析和编写是处理网络数据的基础，本节重点讲解 .net 文件的格式、要素和编写风格。

2.6.1　Pajek 网络文件的一般结构

Pajek 网络文件的一般结构为：

```
* Vertices n
节点 ID    节点标签    x 坐标    y 坐标    z 坐标    节点形状    其他类型的扩展参数
* Arcs/ * Edge
起始节点 ID    终止节点 ID    节点间的弧权重
* Matrix
邻接矩阵
```

2.6.2　具体参数的意义和取值

节点定义在“* Vertices n”标签下，“n”表示节点数目；边定义在“* Edges”或“* Edgeslist”标签下；弧定义在“* Arcs”或“* Arcslist”标签下；节点之间的连边关系可用邻接矩阵表示，定义在“* Matrix”下。

下面分别介绍这几个标签。

1.　* Vertices n

此标签下开始定义节点，“n”表示节点的具体数目。

每个节点描述格式如下：

```
参数 1 参数 2 [参数 3] [参数 4] [其他扩展参数]
```

说明：

① 各参数之间用 4 个空格分隔（这里注意必须是 4 个空格，否则可能报格式错误）。

② 参数 1：节点 ID（1，2，3，…，n）。

③ 参数 2：节点标签。如果是多个词组成的标签，必须用双引号括起来。

④ 参数 3：x，y，z 节点坐标（坐标值是相对绘图区域的比例值，介于 0 到 1 之间）。

⑤ 参数 4：节点的形状，如 ellipse（椭圆形）、box（方形）、diamond（菱形）、triangle（三角形）、cross（十字形）、empty（空白）。

⑥ 其他扩展参数：定义节点形状、颜色、大小等属性，与前面几个属性不同，使用扩展参数需同时指出“参数 参数值”。

具体参数的含义如下。

- s_size：默认大小。
- x_fact：x 方向上的放大率。
- y_fact：y 方向上的放大率。

- phi：目标在正方向上的旋转度数（0 到 360°）。
- r：描述矩形或菱形角的范围的参数（$r=0$ 为矩形，$r>0$ 为圆形）。
- ic：节点的内部颜色。
- bc：节点的边界颜色。
- bw：节点的边界宽度。
- lc：标签颜色。
- la：标签角的度数。
- lr：节点标签的开始位置到定点中心的距离（radius 的第一个极参数）。
- lphi：标签位置的角度（0 到 360°）描述（angel 和 phi 的第二个极参数）。
- fos：字体大小。
- font：标签上的字体（Helvetica，Courier，…）。

2. * Arcs(* Edges)

弧（边）的定义，数据可以为空。

格式：

参数 1 参数 2 参数 3 [其他扩展参数]

说明：

① 参数之间用空格分隔（建议用 4 个空格）。

② 参数 1：起始节点 ID。与“ * Vertices n”标签下的节点 ID 相对应。

③ 参数 2：终点节点 ID。与“ * Vertices n”标签下的节点 ID 相对应。

④ 参数 3：从起始节点到终点节点的弧的权值，若权重是 1，则可省略。

这 3 个参数必须具备。如果没有指定别的参数，弧默认将是黑色、直线、实心。当有下述情况时发生改变：

- 如果 value 为负值，实心线将变为点线；
- 如果弧具有回路，将描绘一条贝塞尔曲线；
- 如果存在双向弧，将会描绘两条弯曲的贝塞尔曲线，并且在终点端将绘制箭头。

⑤ 其他扩展参数：线（弧）的颜色、宽度、模式、角度、对应的标签字体颜色、位置、字体大小等属性。与前面几个属性不同，使用扩展参数需同时指出“参数 参数值”。

具体参数含义如下。

- w：线的宽度。
- c：线的颜色。
- p：线的模式（实心线、点线）。
- ap：箭头的位置。
- l：连线标签（如 “line 1 2”）。
- lp：标签位置（参考 ap）。

- lr:标签半径(即标签文本中心相对于边的位置)。
- lphi:标签半径(即标签文本中心相对于边的角度)。lr 与 lphi 是极坐标参数。
- lc:标签颜色。
- fos:标签的字体大小。
- font:用于描绘标签的字体(Helvetica,Courier,…)。
- h1:起点的 hook("0"表示中心,"1"表示最接近,"2"表示用户定义)。
- h2:终点的 hook。
- a1:起点的角度(贝塞尔曲线)。
- k1:起点的速率(贝塞尔曲线)。
- k2:终点的速率(贝塞尔曲线)。
- a2:终点的角度(贝塞尔曲线)。

3. * Arcslist(* Edgeslist)

弧(边)列表,数据可以为空。

格式:

```
v1 v2 v3 v4...
```

可以罗列很多节点,表示:v1→v2,v1→v3,v1→v4 等。

说明:

① 参数之间用 4 个空格分隔。

② v1:起始节点 ID,与" * Vertices n"标签下的节点 ID 相对应。

③ v2:终止节点 ID,与" * Vertices n"标签下的节点 ID 相对应。

④ v3:终止节点 ID,与" * Vertices n"标签下的节点 ID 相对应。

⑤ v4:终止节点 ID,与" * Vertices n"标签下的节点 ID 相对应。

4. * Matrix

* Matrix 用连接矩阵的方法来表示复杂网络结构,与 * Arcs(* Edges)和 * Arcslist(* Edgeslist)功能类似。

例如,网络共有 3 个节点 v1、v2 和 v3,连边有 v1-v2,v1-v3,则邻接矩阵为:

```
0 1 1
1 0 0
1 0 0
```

2.6.3 文件举例

Pajek 的 .net 文件编码要求特殊,经笔者多次验证,Windows 下使用 ultraedit 可以正确编写文件。并且在保存文件时,换行符和格式要求必须选择默认,否则 Pajek 无法正确识别文件,如图 2-5 所示。

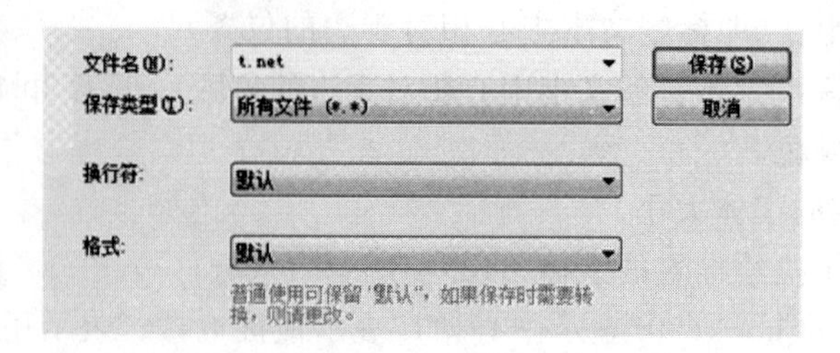

图 2-5　Pajek 文件保存格式要求

1. 无向网络

若网络有 5 个节点，v1 到 v5，无向连边有 v1-v2，v1-v3，v2-v3，v2-v5，v3-v4，边权重是 1，如图 2-6 所示，则网络文件为：

```
* Vertices5
1        "v1"
2        "v2"
3        "v3"
4        "v4"
5        "v5"
* Arcs
* Edges
1    2    1
1    3    1
2    3    1
2    5    1
3    4    1
```

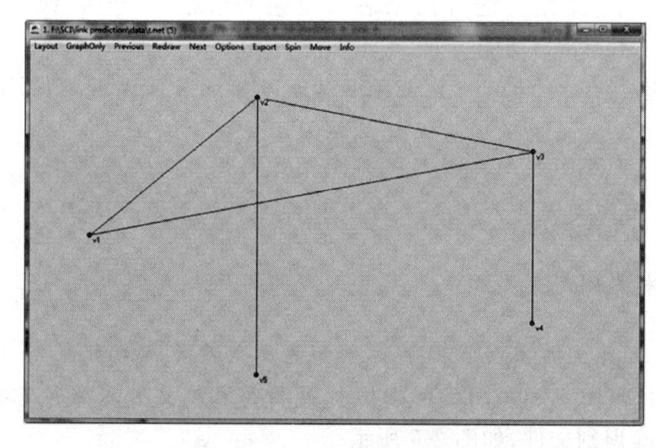

图 2-6　无向网络示意图

2. 有向网络

若网络有 5 个节点，v1 到 v5，有向连边有 v1→v2，v3→v1，v2→v3，v5→v2，v3→v4，边权重是 1，如图 2-7 所示，则网络文件为：

```
*Vertices    5
   1    "v1"
   2    "v2"
   3    "v3"
   4    "v4"
   5    "v5"
*Arcs
   1    2    1
   3    1    1
   2    3    1
   5    2    1
   3    4    1
*Edges
```

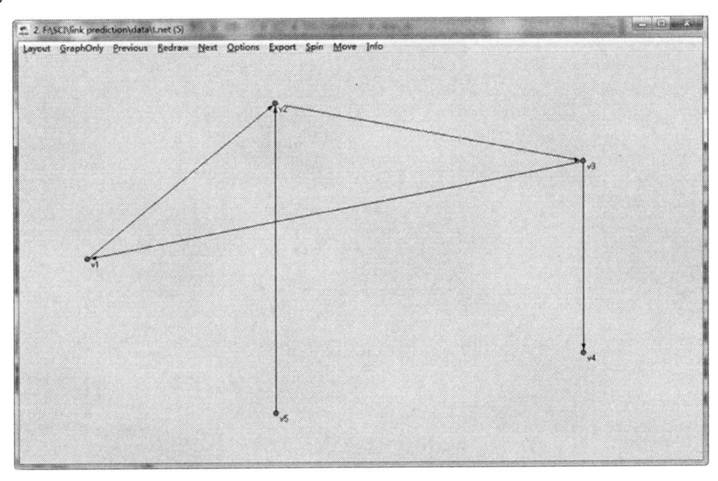

图 2-7　有向网络示意图

2.7　本章小结

第一，本章介绍了复杂网络处理工具 Pajek 的应用目的和特点；第二，介绍了 Pajek 软件的使用基础，着重介绍各个组件的功能；第三，描述了基于 Pajek 软件计算网络属性的方法，以及抽取极大连通子图的步骤；第四，介绍了基于 Pajek 的画图方法；第五，介绍了网络文件.net 的语法和使用方法。

本章参考文献

[1] Pajek：analysis and visualization of large networks[EB/OL]. [2018-06-07]. http://mrvar. fdv. uni-lj. si/pajek/.

[2] de Nooy W，Mrvar A，Batagelj V. Exploratory social network analysis with Pajek [M]. New York：Cambridge University Press，2011.

[3] 诺伊，姆尔瓦，巴塔盖尔吉. 蜘蛛：社会网络分析技术[M]. 林枫，译. 北京：世界图书出版公司，2012.

第 3 章　基于相似性的链路预测研究

研究复杂系统的结构，一种有效方法就是将系统建模为复杂网络，将系统中的组件描述为节点，组件间的关联关系描述为连边。系统随着时间不断演进，其内部节点间的关联关系不断增多。预测未来系统中哪些组件间将会发生关联，即网络节点间会出现新连边的研究，被称为链路预测。链路预测在现实中有很重要的应用价值，如朋友推荐系统中的好友发现[1]、潜在组织结构的发现[2]、生物系统中组织间的反应关系[3]、神经网络中的信号传递研究[4]等。如图 3-1 所示，实线表示已存在链路，在两个节点之间的虚线表示预测出的未来链路。

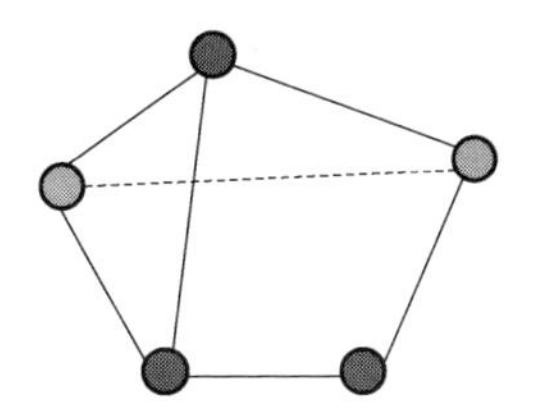

图 3-1　链路预测示意图

3.1　链路预测的研究方法

基于复杂网络下的链路预测算法[5]主要有以下几类：

① 基于极大似然的方法；

② 基于概率模型的方法；

③ 基于拓扑相似性的方法。

由于基于网络拓扑相似性的链路预测仅仅需要网络拓扑结构，对于网络其他信息要求较少，具有简便高效的特点，受到了研究者的广泛关注。基于拓扑结构的链路预测研究方法比较直观，根据研究的拓扑路径长度可以将链路预测方法划分为基于局部路径相似性、基于半局部路径相似性和基于全局路径相似性的研究方法。

3.2　链路预测的典型研究成果

链路预测的研究成果有很多：基于极大似然的方法（如结构层次法[6]和随机块模型法[7]）、基于概率模型的方法（如概率关系模型[8]、概率熵-关系模型[9]和随机关系模型[10])以及基于相似性的方法。

在众多链路预测方法中，基于相似性的方法，尤其是基于网络拓扑结构相似性的方法，由于算法简便、复杂度低，受到了广泛关注。对于不存在直接连边的端点对，用相似性算法评估其未来发生连接的可能性，记为端点相似值 S_{xy}，x 和 y 分别表示对应端点。根据所研究的拓扑路径长度，算法可分为：仅考虑路径长度为 2 的局部路径相似性算法（如公共邻居算法[11]、Salton 算法[12]、Jaccard 算法[13]、Sørensen 算法[14]、偏好连接算法[15]、Adamic Adar 算法[16]、资源分配算法[17]）、考虑网络中所有路径的全局路径相似性算法（如 Katz 算法[18]、平均通勤时间算法[19]、随机游走算法[20]）、考虑有限长路径的半局部路径相似性算法（如 LP 算法[17]、好友连接算法[21]、本地随机游走算法[22]和叠加本地随机游走算法[22]）。

3.3 链路预测的实验数据

在链路预测研究中，需要基于真实系统数据验证算法性能。为了统一介绍，在此给出实验中所使用数据集的名称及来源。

① 美国航空网数据(US Air97，USAir)[23]。

② 酵母菌蛋白质相互作用网数据(Yeast PPI，Yeast)[23]。

③ 网络科学家共同署名合作网数据(NetScience，NS)[23]。

④ 线虫神经网络数据(Caenorhabditis Elegans，CE)[23]。

⑤ 爵士乐手合作网络数据(Jazz)[23]。

⑥ 美国国家电网数据(Power Grid，PG)[23]。

⑦ 引文网络数据(Small & Griffith and Descendants，SmaGri)[23]。

⑧ 政治家博客网络(Political Blogs，PB)[23]。

⑨ 因特网路由网络数据(Route topology of internet，Route)[23]。

⑩ 脸书好友网络数据(Slavko)[24]。

⑪ 食物链网络数据(Food Web of Florida ecosystem，FW)[25]。

⑫ 12 个欧洲国家科学和社会活动家之间的映射网络数据(EuroSiS，ES)[26]。

⑬ 邮件网络数据(E-mail network，E-mail)[27]。

⑭ UC Irvine 大学社交网络数据(UC Irvine messages social network，UcSoci)[27]。

⑮ 传染病感染网数据(Infectious，Infec)[27]。

实验所需网络都是无权无向的简单网络，而上面所介绍的网络并不都满足条件，有的有权，有的有向，甚至有的网络有环和重边。因此需要在实验前对网络做预处理，将网络变成无权无向网络，同时去除网络中的环和重边。可以使用 Pajek 分析软件协助处理[24]。

3.4　链路预测的实验方法

假设网络 $G(V,E)$是由节点集 V 和连边集 E 组成的，如果 V 中任意两点之间都有一条连边，则所有连边组成的集合记作 U。除了真实存在的连边集 E 之外，不存在的连边集记作 $\overline{E}$，显然 $\overline{E}=U-E$，$\overline{E}\cap E=\varnothing$。

3.4.1　数据集划分方法

为了验证算法性能，实验随机划分训练集和测试集[5]。首先将已有连边集 E 中 90％的连边划分到训练集 E^{T} 中，用于训练算法预测潜在连边，将剩余 10％的连边划分到测试集 E^{P} 中，用于判断预测的准确性，要求在测试集中不能有孤立点，如果发现孤立点，应该将包含孤立点的边放回到训练集中。然后按照同样方法将数据集划分 10 次，在每次划分的训练集和测试集中度量算法性能，在 10 次计算的基础上，通过计算平均值得到算法的最终平均性能。

3.4.2　链路预测的度量指标

链路预测算法的性能指标有两个：Precision[5] 和 AUC(Area Under the receiver operating characteristic Curve)[5]，下面分别予以介绍。

(1) Precision(P)

首先在训练集 E^{T} 中训练算法，得到所有未连边出现的可能性值 S_{xy}，包括 E^{P} 和 $\overline{E}$ 中的连边。然后将 E^{P} 和 $\overline{E}$ 中的连边，按照计算出的可能性值，从大到小排序，并取前 L 条作为最可能出现的连边。若在前 L 条连边中，有 l 条边出自测试集 E^{P}，则算法的 Precision(P)为：

$$\text{Precision}(P)=\frac{l}{L} \tag{3-1}$$

(2) AUC

首先在训练集 E^{T} 中训练算法，得到训练集之外所有未连边出现的可能性值 S_{xy}，包括 E^{P} 和 $\overline{E}$ 中的连边。其次随机从 E^{P} 和 $\overline{E}$ 中各抽取一条连边，比较它们的可能性值，如果来自 E^{P} 的连边可能性值大于来自 $\overline{E}$ 的连边，则计数加 1，若两者相等，计数加 0.5，否则不计数。最后按照规则抽取 n 次(为了保证测试的可靠性，n 一般大于 100 万次)，假设有 n'次前者大于后者，n''次两者一样大，则最终算法的 AUC 度量为：

$$\text{AUC}=\frac{n'+0.5n''}{n} \tag{3-2}$$

度量指标 Precision 和 AUC 都可以用来衡量算法的准确性，但是 Precision 表示在给定预测列表长度 L 时的准确性，其会受 L 值的影响；而 AUC 不受 L 值的影响，可以表达算法整体性能。因此在很多情况下，可以只用 AUC 来衡量算法预测的准确性。

3.5 链路预测重要代码讲解

实验的所有程序基于 Matlab 实现，为了便于读者快速了解编程方法，本节将介绍链路预测实验的关键代码的 Matlab 实现，包括数据集划分和关键测试指标实现。为了保证实验的有效性和可靠性，首先，需要对原始网络做处理，将原始网络变成无权无向网络；其次，去除重边和环；再次，获得原始网络的极大连通子图；最后，在极大连通子图上计算算法性能。网络属性也是根据所获得的极大连通子图进行计算的，具体实现方法可以参考第 2 章。

3.5.1 数据集划分代码讲解

链路预测实验采用的是训练集和测试集方法，将连边划分为训练集和测试集，训练集连边数占总数据的 90%，测试集连边数占总数据的 10%，独立划分 10 次。实验中，测试集的数据不参与训练。

由于实验基于极大连通子图，而从原始网络中获得的极大连通子图中的节点编号已经不具有连续性，因此需要首先对所有节点重编号，然后按照小编号在左、大编号在右的规则，每行表示一条边。由于本书的研究基于无权无向简单网络，因此得到的极大连通子图应该删除环和重边。

划分原则：将一个节点连接的所有连边按照 90% 和 10% 的比例，分别放入训练集和测试集，当划分完毕后检查测试集是否包含训练集中不存在的节点，如果存在，则将测试集中包含该点的所有连边放入训练集。按照这个规则，将数据集划分 10 次。

(1) 首先将极大连通子图的权重和其他参数去除

从原始网络中抽取极大连通子图，得到的 Partition 文件格式为：

源节点 ID　　目标节点 ID　　边权重

而本书研究的是无权无向网络，不考虑权重。因此首先需要去掉数据的权重列，代码如下：

```
original_data = load(file,'-ascii');          %首先加载极大连通子图文件
data_size = size(original_data);              %计算文件的行数和列数
if data_size(2)>2                             %如果列数大于 3,说明有权重
```

```
                                          和其他参数
        original_data(:,3:end) = [];      % 删除第三列以及之后所有
的列
    end
```

(2) 删除极大连通子图中的环

```
    loop_logical_indices = (original_data(:,1) = = original_data(:,2));
  % 逻辑矩阵表示环所在的行
    if loop_logical_indices % 若存在环
        original_data(loop_logical_indices,:) = [];  % 将存在环的行删除
    end
```

(3) 删除重复边

```
    data = delete_repetition(original_data);
```

函数 delete_repetition 如下：

```
    function [ unary_data ] = delete_repeatation(original_data)
        % DELETE_REPEATATION Summary of this function goes here
        % Detailed explanation goes here
            unary_data = [];
            unique_nodes = unique(original_data(:,1)); % 在第一列中找到
所有不重复的点
            for index = 1:length(unique_nodes)
                item_sublist = original_data(original_data(:,1) = = u-
nique_nodes(index),:); % 找到以某个点为起点的所有连边
                while item_sublist
                    first_entry = item_sublist(1,:);
                    unary_data = [unary_data; first_entry];
                    item_sublist(1,:) = [];
                     same_indices = (item_sublist(:,2) = = first_entry
(2));
                    item_sublist(same_indices,:) = [];
                    reverse_item_sublist = (original_data(:,1) = = first
_entry(2));
        reverse_item_sublist = reverse_item_sublist&(original_data(:,1)
= = first_entry(1)); % 找到重复边的逻辑位置
                    if reverse_item_sublist % 若逻辑位置存在,说明存在重边
                        disp('存在有向重边。')
```

```
                    end
                    original_data(reverse_item_sublist,:) = [];   % 删除重复边
                end
            end
end
```

(4) 节点标号重排序

```
column_values = data(:);
unique_elems = unique(column_values); % 唯一化原有标号
objects_remaining_len = length(unique_elems); % 计算唯一化后原有标号的个数
for index = 1:objects_remaining_len
    column_values(column_values = = unique_elems(index)) = index; % 对应修改各个标号
end
data(:) = column_values;   % 标号重赋值
```

(5) 划分训练集和测试集

```
divide_data(data,data_name);
```

调用 divide_data 函数对重新排序的边重划分,函数如下:

```
function divide_data(original_data,dir_name)
%DIVIDE_DATA Summary of this function goes here
%Detailed explanation goes here
    [rows cols] = size(original_data); %request original data has the form:[item,user]
        %based on division of nodes in first column
    first_column = original_data(:,1); %找出第一列标号
    unique_elems = unique(people_column); %对第一列标号唯一化
    test = [];
    train = [];
    for index = 1:length(unique_elems)
        sublist = original_data(first_column = = unique_elems(index),:); %找出单个标号节点的所有连边
        [sub_list_len sub_cols] = size(sublist);
        a = randperm(sub_list_len);
        sample_indices = a(1:floor(sub_list_len/10)); %取10%的边作为测试集
```

```
        %获得测试集连边
        test = [test; sublist(sample_indices,:)];
        %获得训练集
        sublist(sample_indices,:) = []; %删除已经选择的测试集,剩下
        的都放入测试集
        train = [train; sublist];
    end

    %检查在测试集中的点是否都在训练集中,如果有不存在的就删除
    %首先检查第一列
    column_elements = (ismember(test(:,1),unique(train(:))) = = 0);
    test(column_elements,:) = [];
    %然后检查第二列
    column_elements = (ismember(test(:,2),unique(train(:))) = = 0);
    test(column_elements,:) = [];
    %保存训练集和测试集
    save([dir_name,'/testing.txt'],'test','-ascii');
    save([dir_name,'/training.txt'],'train','-ascii');
    clear %清除内存
end
```

3.5.2 关键测试指标代码讲解

链路预测关键的测试指标有 Precision 和 AUC,caculate_precision_and_AUC 函数的参数有相似性矩阵、测试集、推荐列表长度和已存在的连边总数(包括训练集和测试集中边的数目)。

```
function [precision,AUC] = caculate_precision_and_AUC(S_matrix,test_
line_matrix,L,exist_lines)
  %CACULATE_PRECISION_AND_AUC Summary of this function goes here
  %Detailed explanation goes here
    total = S_matrix;   %得到物品间相似性矩阵
    clearS_matrix;
    [n_row ncol] = size(total); %得到矩阵的行数和列数,行数就是节点数
    total = triu(total,0);
    non_zeros = sum(sum(total>0)); %计算非零元素个数
    line_count = (n_row * (n_row - 1))/2; %计算在n_row个点的情况下,最大
```

```
可能的边数
        line_count = line_count - non_zeros - exist_lines; %得到无效边的个数
        pred_matrix = total;
        test_value_array = [];
        [m n] = size(test_line_matrix);
        [L_degree,pos_degree] = sort(total(:),'descend'); %按照降序对上三角相似矩阵排序
        total(pos_degree(L+1:end)) = 0; %取最大的前L个数值
        correct_number = 0;
        for index = 1:m   %检查测试集中每一条边
            coordinate = test_line_matrix(index,:);   %取出测试集中的一条边
            test_value_array = [test_value_array,pred_matrix(coordinate(1),coordinate(2))]; %得到测试边对应的相似值,为计算AUC做准备
            pred_matrix(coordinate(1),coordinate(2)) = -1;   %将测试边的相似值标记为-1,说明已经取过了
            if total(coordinate(1),coordinate(2))~ = 0   %如果测试边的相似值不是0,说明预测正确
                correct_number = correct_number +1; %预测正确就加1,为计算准确率precision做准备
            end
        end

        %计算准确率precision
        precision = correct_number/L;
        pred_array = pred_matrix(pred_matrix>0);
        pred_array = [pred_array;zeros(line_count,1)];
        clear pred_matrix total coordinate correct_number;
        %计算AUC
        total_count = 1000000;
        n_bigger = 0;
        n_equal = 0;
        cols_of_test = length(test_value_array);
        cols_of_pred = length(pred_array);

        value_test = test_value_array(randi(cols_of_test,1,total_
```

```
count));
        value_pred = pred_array(randi(cols_of_pred,1,total_count));
        n_bigger = sum(value_test>value_pred.');
        n_equal = sum(value_test == value_pred.');

        AUC = (n_bigger + 0.5 * n_equal)/total_count;
        clear test_value_array pred_array cols_of_test cols_of_pred;
    end
```

3.6　基于拓扑相似性链路预测的思考

基于拓扑相似性链路预测的基本原理是假设两个未相连的端点各具有一定的资源量，然后通过两个端点间的路径分别向对端传递资源，最后根据网络拓扑结构计算通过端点间路径能传递到两端的资源量。传递的资源量越多，说明两个端点之间的交互能力越强，两个端点越相似，未来发生连接的可能性越大。

基于上述一般原理，对于基于网络拓扑相似性的链路预测可以从如下几个角度考虑建模思路：

① 考虑端点资源量的构建模型；

② 考虑端点间资源传输通道的构建模型；

③ 考虑端点间总资源传输能力的构建模型。

3.7　本章小结

本章给出了在复杂网络中链路预测的研究方法，进一步介绍了基于相似性链路预测的典型成果、实验数据和实验方法。为了便于研究者快速入门，本章还对实验的关键代码进行了讲解，包括数据集划分代码和链路预测关键度量指标的实现代码。本章为读者进行深入研究打下坚实基础，同时引出研究的指导性思路。

本章参考文献

[1] Moricz M, Dosbayev Y, Berlyant M. PYMK: friend recommendation at myspace [C]// Proceedings of the 2010 ACM SIGMOD International Conference on Man-

agement of Data. Indianapolis:ACM,2010:999-1002.

[2] Clauset A,Moore C,Newman M E J. Hierarchical structure and the prediction of missing links in networks [J]. Nature,2008,453 (7191):98-101.

[3] Date S V,Marcotte E M. Protein function prediction using the Protein Link EXplorer (PLEX) [J]. Bioinformatics,2005,21 (10):2558-2559.

[4] Burkhard R,Sander C. Combining evolutionary information and neural networks to predict protein secondary structure [J]. Proteins:Structure,Function,and Bioinformatics,1994,19(1):55-72.

[5] Lü L Y,Zhou T. Link prediction in complex networks:a survey [J]. Physica A:Statistical Mechanics and Its Applications,2011,390(6):1150-1170.

[6] Clauset A,Moore C,Newman M E J. Hierarchical structure and the prediction of missing links in networks [J]. Nature,2008,453 (7191):98-101.

[7] Airoldi E M,Blei D M,Fienberg S E,et al. Mixed-membership stochastic blockmodels [J]. Journal of Machine Learning Research, 2008 (9): 1981-2014.

[8] Heckerman D,Meek C,Koller D. Probabilistic models for relational data [R]. [S. n. :s. l.],2004.

[9] Heckerman D,Meek C,Koller D. Probabilistic entity-relationship models, PRMs,and plate models[EB/OL]. [2018-06-07]. http://www. robotics. stanford. edu/~koller/Papers/Heckerman+al:SRL07. pdf.

[10] Yu K,Chu W,Yu S P,et al. Stochastic relational models for discriminative link prediction[C]// Proceedings of the 19th International Conference on Neural Information Processing Systems. Canada: MIT Press, 2007: 1553-1560.

[11] Newman M E J. Clustering and preferential attachment in growing networks[J]. Physical Review. E Statistical, Nonlinear, and Soft Matter Physics,2001,64(2):025102.

[12] Salton G,McGill M J. Introduction to modern information retrieval [M]. [S. l. :s. n.],1983.

[13] Jaccard P. étude comparative de la distribution florale dans une portion des Alpes et des Jura[J]. Bull. Soc. Vaud. Sci. Nat. ,1901 (37):547-579.

[14] Sørensen T. A method of establishing groups of equal amplitude in plant sociology based on similarity of species content and its application to analyses of the vegetation on Danish commons[J]. Biol. Skr. ,1948(5):1-34.

[15] Barabási A L,Albert R. Emergence of scaling in random networks[J].

Science,1999,286 (5439):509-512.

[16] Adamic L A,Adar E. Friends and neighbors on the web[J]. Soccial Networks,2003,25(3):211-230.

[17] Zhou T,Lü L Y,Zhang Y C. Predicting missing links via local information [J]. European Physical Journal B,2009,71 (4):623-630.

[18] Katz L. A new status index derived from sociometric analysis[J]. Psychometrika,1953,18 (1):39-43.

[19] Klein D J,Randi M. Resistance distance[J]. Journal of Mathematical Chemistry, 1993,12 (1):81-95.

[20] Brin S,Page L. The anatomy of a large-scale hypertextual Web search engine[J]. Computer Networks and Isdn Systems,1998,30(1):107-117.

[21] Papadimitriou A,Symeonidis P,Manolopoulos Y. Fast and accurate link prediction in social networking systems[J]. Journal of Systems and Software,2012,85 (9):2119-2132.

[22] Lü L Y,Jin C H,Zhou T. Similarity index based on local paths for link prediction of complex networks [J]. Physical Review. E Statistical,Nonlinear,and Soft Matter Physics,2009,80 (4):046122.

[23] Link prediction group[EB/OL]. [2018-06-07]. http://www. linkprediction. org/index. php/link/resource/data.

[24] Networks[EB/OL]. [2018-06-07]. http://konect. uni-koblenz. de/networks/.

[25] Pajek datasets[EB/OL]. [2018-06-07]. http://vlado. fmf. uni-lj. si/pub/networks/data/.

[26] Microsoft is acquiring GitHub! [EB/OL]. [2018-06-07]. http://wiki. gephi. org/index. php? title=Datasets.

[27] Program for Large Network Analysis[EB/OL]. [2018-06-07]. http://vlado. fmf. uni-lj. si/pub/networks/pajek/default. htm.

第4章 基于弱关系的链路预测算法

链路预测已经成为复杂网络领域的研究热点，并且取得了丰硕成果。在众多研究中，主流算法大多研究拓扑路径对相似性的传递能力。传统基于局部路径的相似性算法，尤其是AA算法和RA算法，由于忽略了邻居节点在关系强弱程度上的影响，无法有效估计端点间相似性，限制了算法的预测性能。因此本书从端点间的弱关系角度出发，基于局部路径相似性，提出改进的链路预测算法OAA和ORA[1]，并在实际网络数据中，进行了大量性能测试和对比实验。结果表明，OAA算法和ORA算法突出了弱关系作用，相比于传统算法明显提升了预测准确性。

4.1 研究背景

网络可以合理地描述众多系统，网络中的节点表示系统中的个体或组织，连边表示个体或组织间的相互关系。渐渐地，随着系统的发展，网络拥有越来越多的节点和连边，节点间未来是否会产生新的连边，吸引了众多研究者的关注，这个研究课题即为链路预测。链路预测问题普遍存在，例如，存在于社交网络(Online Social Network)[2]、蛋白质相互作用网络(Protein to Protein Interaction Network)[3]、航空网络(Airline Network)[4]、因特网[5]、电子商务网络[6]等。

4.2 问题描述

在加权网络中，连接端点的路径拥有不同的权重，这些权重可以用来表达端点间关系的强弱。连接权重小，端点间路径表现出弱连接关系，反之为强连接关系，这种强弱关系在社交网络中表现尤为突出。在对加权网络上端点间连接关系的研究中，本章参考文献[7]认识到，弱关系理论从根本上区分了连接路径的差异性，可以有效地改进链路预测的准确性。但是，在很多情况下，网络是无权无向的简单网络，相对于加权网络而言，缺乏表示关系强弱的连接权重，导致无法区分路径连接能力的强弱性。通过对以往研究的了解，端点间的连接关系的确存在强弱差别，即使网络无权无向，连接的强弱关系依旧存在。因此，需要挖掘出潜在的强弱关系。在影响强弱关系的众多因素中，路径节点的中介能力非常关键。由于节点度具有差异性，在传递端点间相似性时，其组成路径的传递能力不相同，表现出了强弱差别，而对于网络中的链路预测，这种差别有极其重要的意义。

在以往研究中，经典的 CN(Common Neighbors，公共邻居)算法考虑公共邻居节点数对端点相似性传递的影响，AA(Adarmic Adar)算法和 RA(Resource Allocation，资源分配)算法进一步考虑了邻居节点度的影响，但是它们都忽视了弱关系的作用。由于在不同网络中，节点度分布差异性较大，会导致弱关系呈现出较大差别。因此，必须提高算法对不同网络的适应性，更好地发掘和区分弱关系的影响。

研究发现，小度邻居节点中介能力强，向两端传递相似性的概率大，而大度邻居节点却表现出较弱的中介能力。因此，必须突出小度邻居节点的作用，增大弱关系的权重，这样才能挖掘出更加相似的端点对。因此，在 AA 算法和 RA 算法的基础上，需要增加一个指数惩罚因子，在网络邻居节点中惩罚大度节点，同时突出小度节点的弱关系。不仅如此，在具有不同度分布的网络中，必须自适应地寻找最优惩罚因子，最大限度地突出弱关系的作用。

4.3　基于弱关系的优化链路预测模型

在一个无权无向简单网络 $G(V,E)$ 中，V 表示节点集，E 表示连边集，不存在多边和环。$|V|=N$ 表示节点集的节点总数，$|E|=M$ 表示连边集的连边总数。引入邻接矩阵 $\mathbf{A}=\{a_{ij}\}_{N\times N}$ 描述简单网络 G，如果端点 i 和 j 之间有连边，则 $a_{ij}=1$，否则 $a_{ij}=0$。

未连接的端点 (x,y) 会被赋予一个相似值 s_{xy}，表示端点 x 和 y 发生连接的可能性。对于无向图 $G(V,E)$，邻接矩阵 $\mathbf{A}$ 是对称的，即 $s_{xy}=s_{yx}$，将相似值从大到小排序，相似值越大，端点 x 和 y 之间发生连接的可能性越大。大多数度量都选择使用一个数值来表达相似性，这样比较容易实现建模和计算[8,9,10,11]。

4.3.1　CN 算法、AA 算法和 RA 算法介绍

本书的算法在局部路径的基础上，研究邻居节点对强弱关系差别的影响。关注点是邻居关系中的节点影响，因此首先给出传统邻居关系算法，然后进一步引出改进算法。

1. CN 算法[12]

作为基础的局部相似性算法，CN 算法认为，如果两个节点拥有较多的公共邻

居，那么未来它们之间就有可能发生连接，因此 CN 相似性模型定义如下：

$$s_{xy}^{\mathrm{CN}} = |\Gamma(x) \cap \Gamma(y)| \tag{4-1}$$

在等式(4-1)中，$\Gamma(x)$表示端点 x 的邻居节点集合，$\Gamma(y)$表示端点 y 的邻居节点集合，$|\Gamma(x) \cap \Gamma(y)|$表示端点 x 和 y 的公共邻居数目。

2. AA 算法[13]

基于 CN 算法，以节点度的对数值作为公共邻居的权重，AA 算法做出了改进，定义如下：

$$s_{xy}^{\mathrm{AA}} = \sum_{z \in \Gamma(x) \cap \Gamma(y)} \frac{1}{\lg(k_z)} \tag{4-2}$$

在等式(4-2)中，k_z 表示节点 z 的度，这里通过对 z 的节点度的对数求倒数，可以惩罚由大度邻居节点组成的强关系。

3. RA 算法[14]

基于资源在复杂网络上的扩散过程，在非直连的两个端点 x 和 y 之间，RA 算法将端点相似性建模为它们之间的资源传递能力，而在资源传递过程中，公共邻居起到传输器的作用。简化这个过程，假设每个端点有单位数量的资源，并且能够均等地将资源分配到端点邻居中。基于假设，端点 x 和 y 之间的相似性可以被定义为端点 y 所接收到的来自端点 x 的资源量，模型如下：

$$s_{xy}^{\mathrm{RA}} = \sum_{z \in \Gamma(x) \cap \Gamma(y)} \frac{1}{k_z} \tag{4-3}$$

从等式(4-3)可以看出，RA 模型的相似性度量是对称的，即 $s_{xy} = s_{yx}$。虽然 AA 算法与 RA 算法形式比较相似，分别对邻居度的对数求倒数和对邻居度直接求倒数，但是，RA 算法对于大度节点的惩罚能力要强于 AA 算法，更能突出弱关系。总的来说，虽然 CN 算法、AA 算法和 RA 算法研究了邻居节点所形成的连接关系，又进一步研究了邻居度对强弱关系的影响，但是它们对关系强弱的考虑过于粗糙，无法适应不同网络潜在的结构差别。

4.3.2 改进优化算法模型

为了进一步深入研究弱关系的影响，并提高算法的自适应性能，在 AA 算法和 RA 算法的基础上，增加了一个自适应惩罚因子，本书提出了优化的 AA 算法〔OAA(Optimized AA)算法〕和 RA 算法〔ORA(Optimized RA)算法〕。

1. 优化的 AA 算法

通过添加一个加权惩罚因子 β，能够更加细致地区分弱关系的差别，基于上述思想，AA 算法改进为：

$$s_{xy}^{\mathrm{OAA}} = \sum_{z \in \Gamma(x) \cap \Gamma(y)} [\lg(k_z)]^{\beta} \tag{4-4}$$

2. 优化的 RA 算法

与 OAA 算法类似，ORA 算法也包含了一个惩罚因子，为进一步挖掘 RA 算法中弱关系程度的差别，定义如下：

$$s_{xy}^{\mathrm{ORA}} = \sum_{z \in \Gamma(x) \cap \Gamma(y)} (k_z)^{\beta} \tag{4-5}$$

在等式(4-4)和(4-5)中，k_z 表示邻居节点的度值，将一跳路径所传递的相似性求和，得到最终传递的总相似性。负的 β 值突出了小度节点组成的弱关系，抑制了大度节点组成的强关系，负 β 的绝对值越大，突出和抑制能力越强。虽然 OAA 算法和 ORA 算法有一点相似，但是 OAA 算法相比 ORA 算法具有更加明显的强化能力，原因在于对数和线性函数的区别。

由于不同网络具有差异化的拓扑结构，而 AA 算法和 RA 算法形式固定不变，导致在不同网络中，无法自适应地得到更加准确的预测性能。通过训练得到最优的参数值 β，相比于原始的 AA 算法和 RA 算法，优化的 OAA 算法和 ORA 算法可以灵活地增强适应性，提高预测的准确率。

4.4　实验结果与分析

为了验证弱关系优化理论对算法准确性的提升，需要在实际网络数据上进行实验，并使用准确性指标度量算法的性能。

4.4.1　数据集

这里提供了 5 个真实的网络数据，用来验证算法的准确性。

① USAir[4]：美国航空网数据，包含 332 个节点和 2 126 条连边。

② NetScience(NS)[15]：网络科学家共同署名合作网数据，包含 1 589 个节点和 2 742 条连边。

③ Power Grid(PG)[16]：美国国家电网数据，包含 4 941 个节点和 6 594 条连边。

④ Yeast[3]：酵母菌蛋白质相互作用网数据，包含 2 361 个节点和 6 646 条连边。

⑤ C. Elegans(CE)[16]：线虫神经网络数据，包含 453 个节点和 2 298 条连边。

表 4-1 列出了 5 个网络的基本拓扑性质，N 表示网络节点总数，M 表示网络连边总数，$\langle k \rangle$ 表示网络的平均度数，$\langle d \rangle$ 表示网络的平均距离，C 表示网络的聚类系数。为了测试网络的准确性，网络连边集 E 将被划分为包含 90% 连边的训练集 E^{T}，以及包含 10% 连边的测试集 E^{P}，这里 $E = E^{\mathrm{T}} \cup E^{\mathrm{P}}$，$E^{\mathrm{T}} \cap E^{\mathrm{P}} = \varnothing$，同时定义 $\overline{E}$ 为连边集 E 的补集。实验时，数据集将被随机划分 10 次，分别在 10 次划分的训练

集和测试集上计算算法的准确性，然后将 10 次结果平均得到平均性能[17]。

表 4-1 网络的基本拓扑性质

网 络	N	M	$\langle k\rangle$	$\langle d\rangle$	C
USAir	332	2 126	12.807	2.74	0.749
Yeast	2 361	6 646	5.630	4.38	0.388
NS	1 589	2 742	3.451	5.82	0.798
PG	4 941	6 594	2.669	18.99	0.107
CE	453	2 298	10.146	2.66	0.308

4.4.2 度量指标

链路预测的度量指标主要是准确性，包括 Precision[17] 和 AUC[17]。

1. Precision

首先在训练集 E^{T} 中训练算法，得到 E^{P} 和 $\overline{E}$ 中连边出现的可能性值 S_{xy}。然后按照连边出现的可能性，将 E^{P} 和 $\overline{E}$ 中的连边从大到小排序，并取出前 L 条最可能出现的连边。若有 l 条边出自测试集 E^{P}，则算法的 Precision 为：

$$\text{Precision}=\frac{l}{L} \tag{4-6}$$

2. AUC

首先在训练集 E^{T} 中完成算法训练，得到 E^{P} 和 $\overline{E}$ 中连边出现的可能性值 S_{xy}。然后随机从 E^{P} 和 $\overline{E}$ 中各抽取一条连边，比较它们的可能性值，如果来自 E^{P} 中的连边可能性值大于来自 $\overline{E}$ 中的连边，则计数加 1，若两者相等，计数加 0.5，否则不计数。最后按照规则抽取 n 次（为了保证测试算法性能的可靠性，n 一般大于 100 万次），如果有 n' 次前者大于后者，n'' 次两者一样大，则最终算法的度量 AUC 为：

$$\text{AUC}=\frac{n'+0.5n''}{n} \tag{4-7}$$

度量指标 Precision 和 AUC 都可以用来衡量算法的准确性，但是 Precision 表示在给定 L 情况下的准确性，会受 L 值的影响，而 AUC 不受 L 的影响，可以表达算法的整体性能。

4.4.3 结果与分析

通过在 5 个数据网络上的实验，可以得到算法的 Precision 和 AUC 性能。在这一节中，图 4-1 和图 4-2 给出了 4 个曲线图，分别描述了在弱关系理论下，OAA 算法和 ORA 算法的 Precision 和 AUC 性能，参数 β 从 -1 到 1 取值，使得在验证了弱关系理论的同时，也展现出在不同网络中，OAA 算法和 ORA 算法区分弱关系的能力。进一步相比于传统 CN 算法、AA 算法和 RA 算法，为了展现 OAA 算法和 ORA 算法的优异性，基于 Precision 和 AUC 度量，本书给出了 OAA 算法和 ORA 算法与传统算法的性能比较。

无论是 OAA 算法、ORA 算法，还是传统的 CN 算法、AA 算法、RA 算法，在 10 次独立随机划分数据集的基础上，通过实验得到了它们的 Precision 和 AUC 平均性能。

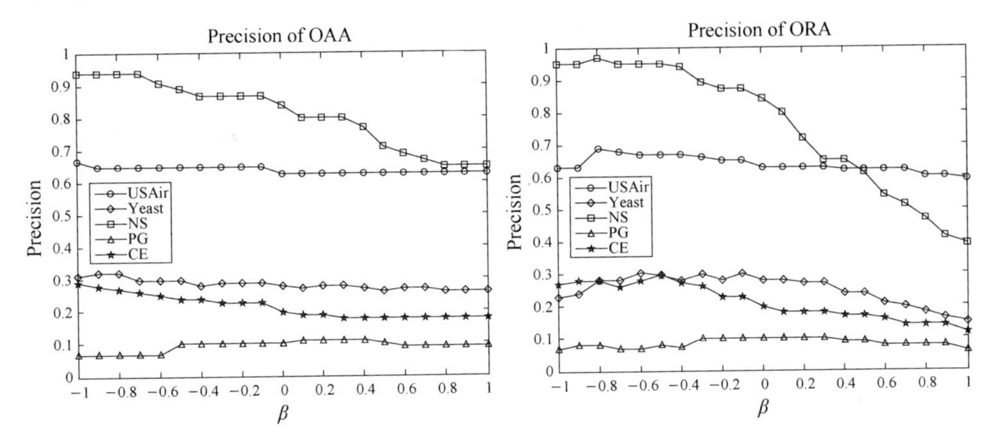

图 4-1　OAA 算法和 ORA 算法的 Precision 性能曲线图

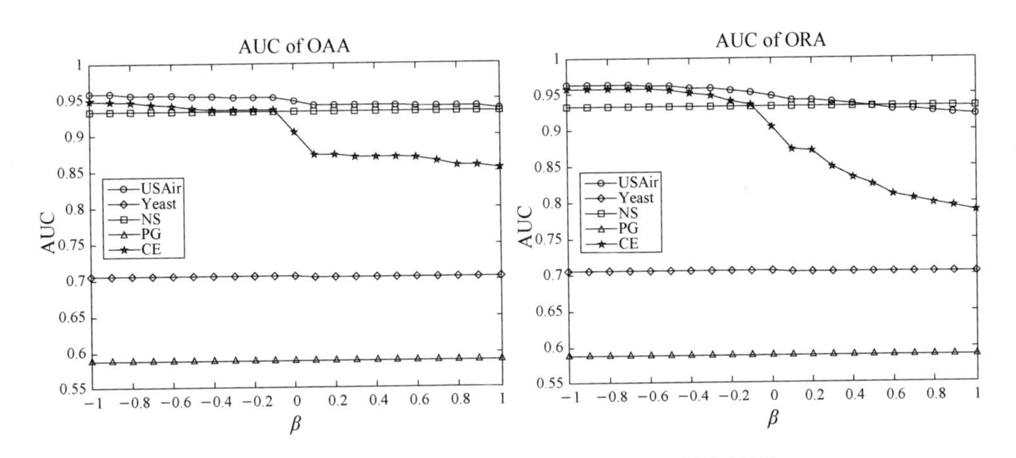

图 4-2　OAA 算法和 ORA 算法的 AUC 性能曲线图

从图 4-1 和图 4-2 的 4 个曲线图中可以看出在弱关系理论下 OAA 算法和 ORA 算法的 Precision 和 AUC 性能。参数 β 影响关系的强度，当 β 取负数时，其绝对值越大，越能抑制强关系，同时突出弱关系；反之，当 β 取正数时，弱关系将受到抑制。从图 4-1 中可以看出，Precision 在 β 小于 0 时，明显高于 β 大于 0 时的性能值，且最优 Precision 对应的 β 也是个负数，即对于 OAA 算法，USAir 最优 Precision 取在 $\beta=-1$，Yeast 取在 $\beta=-0.8$，NS 取在 $\beta=-0.7$，CE 取在 $\beta=-1$，虽然 PG 中强关系起到了重要作用，导致最优 Precision 取在 $\beta=0.2$，但是最优值对应 $\beta<1$，意味着强关系依旧受到了约束。同样对于 ORA 算法，USAir 最优 Precision 取在 $\beta=-0.8$，Yeast 取在 $\beta=-0.6$，NS 取在 $\beta=-0.8$，PG 取在 $\beta=-0.1$，CE 取在 $\beta=-0.5$。在 PG 网络上，OAA 算法最优 Precision 对应 $\beta=0.2$，ORA 算法却对应 $\beta=-0.1$，原因是 OAA 算法采取对数形式，ORA 算法采取线性函数形式，导致 OAA 算法的抑制能力高于 ORA 算法。

Precision 指标与列表长度 L 相关，因此具有偶然性，而 AUC 指标可以更加公平地度量算法的准确性。从图 4-2 中可以看出，无论是 OAA 算法还是 ORA 算法，最优 AUC 对应的参数 β 都小于零，表明相比于强关系，弱关系确实在相似性传递中起到了重要作用。总的来看，无论是 Precision 还是 AUC，最优性能所对应的 β 都不是 -1，即考虑弱关系时，需要深入挖掘潜在的弱关系程度差别，才能有效增强链路预测的准确性。

基于局部路径，OAA 算法和 ORA 算法通过考虑端点之间公共邻居，研究相似性算法，导致聚类系数 C 对算法的准确性有明显影响。由于实验中的网络数据具有明显的拓扑特性差异(参见表 4-1)，可以看出，USAir 和 NS 相比于其他网络具有较高的聚类系数，结果在这两个网络上，算法的准确性优于其他网络，而且虽然两个网络的聚类系数仅相差 0.05，却导致了 Precision 性能上 0.27 的差别，这个现象说明，对于局部路径相似性链路预测算法，网络聚类系数有非常明显的影响。

相比于传统算法，为了展现 OAA 算法和 ORA 算法的性能改进，同时在 5 个真实网络上，计算了 CN 算法、AA 算法和 RA 算法的 Precision 和 AUC 性能，并且进一步和 OAA 算法与 ORA 算法的最优性能值进行了比较，如表 4-2 和表 4-3 所示。

表 4-2　Precision 度量比较表

网　络	CN 算法的 Precision 指标	AA 算法的 Precision 指标	RA 算法的 Precision 指标	OAA 算法的 Precision 指标	ORA 算法的 Precision 指标
USAir	0.63	0.67	0.63	0.67	**0.70**
Yeast	0.28	0.31	0.30	**0.32**	0.30
NS	0.84	0.94	0.95	0.94	**0.97**
PG	0.10	0.07	0.07	**0.11**	0.10
CE	0.20	0.29	0.27	0.29	**0.30**

注：涉及的 $L=100$，表格中的数据是根据公式(4-6)在 10 次独立划分的数据集上得到的平均值。

表 4-3　AUC 度量比较表

网　络	CN 算法的 AUC 指标	AA 算法的 AUC 指标	RA 算法的 AUC 指标	OAA 算法的 AUC 指标	ORA 算法的 AUC 指标
USAir	0.948 02	0.959 01	**0.964 18**	0.959 26	0.963 93
Yeast	0.704 90	0.704 84	0.704 59	0.704 87	**0.705 37**
NS	0.933 80	0.933 92	0.933 99	**0.934 15**	0.934 07
PG	0.587 50	0.587 65	0.587 47	0.587 64	**0.587 72**
CE	0.905 70	0.950 06	0.959 83	0.955 26	**0.959 88**

注：抽取次数为 1 000 000 次，表格中的数据是根据公式(4-7)在 10 次独立划分的数据集上得到的平均值。

在表 4-2 的 Precision 和表 4-3 的 AUC 比较中，最优性能值标记为粗体，并且在 5 个网络中，OAA 算法和 ORA 算法的结果都是最优 β 所对应的性能值。从表 4-2 和表 4-3 两个性能比较表中可以看出，改进的 OAA 算法和 ORA 算法，相比于传统 CN 算法、AA 算法和 RA 算法，Precision 和 AUC 性能有明显提升。

由于仅仅考虑公共邻居个数，CN 算法忽略了邻居节点度对强弱关系差别的影响，因此在 5 个算法中性能最差。对于 AA 算法和 RA 算法，在相似性传递中，由于考虑了邻居节点度对强弱关系的影响，获得了比 CN 算法优异的预测性能，但是，由于在不同网络中，弱关系的影响程度存在差别，需要深入挖掘弱关系的差异性，而 AA 算法和 RA 算法缺乏适应性，无法得到最优的预测性能。而 OAA 算法和 ORA 算法，在 AA 算法和 RA 算法的基础上，增加了自适应惩罚因子，可以有效地挖掘最优弱关系，进一步提升了预测的准确性。

4.5　本章小结

在无权无向网络上，由于在不同网络中，邻居节点度存在差异，导致邻居节点所形成的强弱关系也有明显程度的差异。而传统算法 CN、AA 和 RA 忽略了这种程度差异，无法自适应地区分关系的强弱程度，导致了较差的链路预测性能。本书在 AA 算法和 RA 算法的基础上，基于弱关系理论，增加一个自适应惩罚因子，提出了优化的 AA 算法(OAA 算法)和 RA 算法(ORA 算法)。进一步在 5 个真实网络中，验证了算法的准确性和有效性。相比于传统算法，为了展示 OAA 算法和 ORA 算法性能的改进，实验同时计算了 CN 算法、AA 算法和 RA 算法的准确性。通过 Precision 和 AUC 曲线可以看出，最优参数 β 存在于$[-1,0]$，说明在链路预测中，弱关系传递相似性的能力更强，而且与 CN 算法、AA 算法和 RA 算法相比，OAA 算法、ORA 算法的确明显增强了预测的准确性。

4.6 研究思考

本章从局部路径相似性角度出发，基于弱关系理论，通过自适应惩罚因子，突出具有弱关系的端点对，抑制具有强关系的端点对，构建链路预测模型。读者可以从以下角度进一步思考：①既然局部路径存在弱关系，那么半局部路径是否存在弱关系，局部路径和半局部路径在关系强弱之间存在什么关联；②局部路径模型可以惩罚公共邻居，那么半局部路径下，如何构建连通关系；③研究发现直接对度进行惩罚效果更好，那么这个模型是否已是最好，是否还存在其他性能更好的关系建模方法。

本章参考文献

[1] Zhu X Z，Tian H，Hu Z，et al. Self-adaptive optimized link prediction based on weak ties theory in unweighted network[C]// Social Computing (SocialCom)，2013 International Conference on. Alexandria：IEEE，2013：896-900.

[2] Papadimitriou A，Symeonidis P，Manolopoulo Y. Predicting links in social networks of trust via bounded local path traversal[C]// Proceedings 3rd Conference on Computational Aspects of Social Networks (CASON' 2011)，Spain：[s. n.]，2011.

[3] Bu D B，Zhao Y，Cai L，et al. Topological structure analysis of the protein-protein interaction network in budding yeast [J]. Nucleic Acids Research，2003，31 (9)：2443-2450.

[4] Batageli V，Mrvar A，Pajek Datasets[EB/OL]. [2018-06-07]. http://vlado.fmf. uni-lj. si/pub/networks/data/default. htm.

[5] Berners-Lee T，Hall W，Hendler J，et al. Creating a science of the web[J]. Science，2006，313 (5788)：769-771.

[6] Huang Z，Li X，Chen H . Link prediction approach to collaborative fltering [C]//Proceedings of the 5th ACM/IEEECS joint conference on Digital libraries . Denver：ACM，2005：141-142.

[7] Lü L Y，Zhou T. Role of weak ties in link prediction of complex networks [C]// Proceedings of the 1st ACM International Workshop on Complex Networks Meet Information &Knowledge Management. Hong Kong：

ACM,2009:55-58.

[8] Sarukkai R R. Link prediction and path analysis using markov chains[J]. Computer Networks,2000,33 (1):377-386.

[9] Popescul A, Ungar L H. Statistical relational learning for link prediction [J]. IJCAI Workshop on Learning Statistical Models from Relational Data, 2003 (2003):81-87.

[10] Zhu J H, Hong J, Hughes J G. Using Markov models for web site link prediction[C]//Proceedings of the Thirteenth ACM Conference on Hypertext and Hypermedia. College Park:ACM,2002:169-170.

[11] Bilgic M, Namata G M, Getoor L. Combining collective classification and link prediction[C]// Proceedings of the Seventh IEEE International Conference on Data Mining Workshops. Omaha:IEEE,2007.

[12] Newman M E J. Clustering and preferential attachment in growing networks [J]. Physical Review. E Statistical, Nonlinear, and Soft Matter Physics, 2001, 64 (2):025102.

[13] Adamic L A, Adar E. Friends and neighbors on the web[J]. Soccial Networks,2003,25(3):211-230.

[14] Zhou T, Lü L Y, Zhang Y C. Predicting missing links via local information [J]. European Physical Journal B,2009,71 (4):623-630.

[15] Newman M E J. The structure and function of complex networks [J]. Society for Industrial and Applied Mathematics (SIAM Review), 2003, 45 (2):167-256.

[16] Watts D J, Strogatz S H. Collective dynamics of "small-world" networks [J]. Nature,1998 (393):440-442.

[17] Lü L Y, Zhou T. Link prediction in complex networks: a survey [J]. Physica A:Statistical Mechanics and Its Applications,2011,390(6):1150-1170.

第5章　基于路径异构性的链路预测算法

在网络演进机制研究中，链路预测有着非常重要的地位。在链路预测研究中，通常认为，端点间发生连接的可能性与端点间的相似性相关，因此，基于节点或拓扑结构属性，产生了许多相似性算法。虽然，在一定程度上，这些相似性算法考虑了拓扑路径的特征，但是大部分算法还是忽略了路径的异构性。研究发现，在端点之间，小度节点构成的路径传递相似性的能力较强，而大度节点构成的路径传递相似性的能力较弱。因此本书提出了重要路径(Significant Path，SP)[1]算法，借助于路径中间节点的节点度，探索路径对相似性的传递能力，使得传递能力不同的路径具有不同的权重。实验表明，在12个网络数据上，SP算法优于传统算法，有效地提升了预测的准确性。

5.1　研究背景

从网络拓扑属性出发，有许多研究专门关注网络演进机制，它们展示和刻画了网络的功能[1,2,3,4,5,6]。在众多的研究问题中，链路预测是一个根本性的挑战[7,8]。的确，网络演进在多大程度上是可解释的，取决于预测潜在链路的能力[9,10]。并且准确的链路预测具有重要的应用意义，例如，在社交网络上推荐好友[11,12]，探索蛋白质相互作用关系[13,14]，构建航空网络[15]，促进电子商务发展[16,17]等。

通过建立相似性模型，传统算法估计未来节点发生连接的概率，而这个概率与节点间相似性关系密切，节点越相似，发生连接的概率越大[7,18]。通过抽取节点属性，一些研究者在属性空间中计算节点相似性，但不幸的是，在属性抽取和数据稀疏性上遇到了困难[19,20]。主流算法考虑基于网络拓扑的相似性，可以分为3类[7]。第一类算法基于全局信息计算拓扑相似性，例如，Katz算法计算两点间所有路径，并赋予短路径较大权重[21]。在链路预测中，全局性算法表现出公平性，但是却遭遇了复杂度较高的问题。第二类算法基于局部路径相似性，相比于全局算法，计算非常简便。典型的算法有：计算端点间公共邻居数的CN算法[22]，考虑惩罚大度端点的Salton算法[23]、Sørensen算法[24]、Hub Promoted算法[25]、Leicht-Holme-

Newman 算法[26]，惩罚大度公共邻居的 AA 算法[27]和 RA 算法[28]等。虽然，局部路径算法成功地降低了算法复杂度，但是预测准确性较差。为了权衡性能和复杂度，研究者们提出了第三类半局部路径算法，例如，本地路径(Local Path，LP)算法[28,29]忽略了 Katz 算法中过长的路径，Bounded Local Path(BLP)算法[30]对半局部路径定义新的相似性估计模型，Local Random Walk(LRW)算法[31]限制在有限范围内进行随机游走，Superposed Random Walk(SRW)算法[31]进一步将不同长度上的 LRW 算法累加，综合了不同路径的相似性传递能力。

5.2　问题描述

虽然现有的链路预测算法较多，但是大多数算法仅简单地将两点间路径数求和，忽略了路径本身的异构性，即使有相同长度，由于结构的差异，路径对两端的相似性传递能力也会不同。以复杂网络中的物品相似性推荐为例[32]，《哈利・波特》系列图书非常流行，虽然有许多人已经读过，但是阅读一本《哈利・波特》图书，并不能展现出一个读者太多的阅读品味。如果为这个读者选择相似邻居读者，那么或多或少就成了一件随机的事情。这个读者和邻居读者之间缺乏相似性，但却被高估地认为是相似的，而究其原因，则是在这个读者—图书—读者路径中，包含了一个大度的图书节点，即被众多读者阅读的《哈利・波特》图书。直观地讲，论端点间相似性传递能力，却是小度节点组成的路径能力较强。通常情况下，在构建连边的时候，若节点具有较少邻居(即小度节点)，则它更有可能在端点间传递相似性。除此之外，有时候，小度节点隐含了一种比较集中的兴趣。因此在这两种原因的驱使下，如果路径由小度节点构成，则它连接的两个端点更相似。相比之下，若路径中的节点拥有较多邻居，即大度节点较多，则此路径连接的端点获得的相似性较小，例如，若一个读者具有广泛的兴趣爱好，则他很有可能喜欢两本完全不相似的图书。因此，若端点间路径由小度节点组成，则具有足够的证据证明端点间具有较高的相似性。

根据以上讨论，本书提出了一个新算法，来度量路径在端点间传递相似性的能力，被称为 SP 算法。基于路径中间节点的度，这个算法认为，若路径较短并且包含大量小度节点，则它在端点间传递相似性的能力较强。

5.3　基于路径异构性的链路预测建模

本书考虑一个无权无向网络 $G(V,E)$，V 和 E 分别表示网络的节点集和连边集。基于最简单的链路预测框架[7]，一对未连接的端点 v_x 和 v_y 将被赋予一个相似性数值 s_{xy}，用来表征两个端点之间的相似性。所有潜在连边都将被赋予一个相似性数值，且相似性越大，这条连边存在的可能性越大。

5.3.1 SP 模型

基于问题描述，本书提出一个 SP 算法。在 SP 算法中，对端点间的路径赋予不同的权重，对小度节点组成的路径赋予较大权重，惩罚大度节点组成的路径，赋予它们较小权重，不仅如此，SP 算法同时偏好长度较短的路径。为了便于算法描述，本书以多个定义的形式递进给出最终算法。

定义 5-1 在无权无向网络 $G(V,E)$ 上，对路径 $q=\{v_1,v_2,\cdots,v_n\}$，传输有效性 ζ 定义为路径中受惩罚的节点度之和：

$$\zeta(q)=\sum_{v_i\in M(q)}k_i^{\beta} \tag{5-1}$$

在等式(5-1)中 k_i 表示节点 i 的度值，$M(q)=\{v_2,\cdots,v_{n-1}\}$，表示路径 q 的中间节点集，β 是度惩罚因子。$\beta<0$ 时惩罚大度节点，增强小度节点。这个指数以往被用来量化交通网络中期望的交通稠密度[38]。

定义 5-2 在无权无向网络 $G(V,E)$ 上，若端点 v_x 和 v_y 具有相似性，则所有路径的有效传递能力之和，定义如下：

$$S_{xy}^{\mathrm{SP}}\propto\alpha_1\sum_{q\in P_2(v_x,v_y)}\zeta(q)+\alpha_2\sum_{q\in P_3(v_x,v_y)}\zeta(q)+\cdots \tag{5-2}$$

在等式(5-2)中，α_n 是长度为 n 的路径的惩罚因子，$P_n(v_x,v_y)$ 表示端点 v_x 和 v_y 之间长度为 n 的路径集合。

在链路预测中，长度大于 3 的路径相似性传递能力小，但计算量却较大。因此，最终模型仅考虑长度为 2 和 3 的路径，简化 α_1 和 α_2 为 $\alpha=\frac{\alpha_1}{\alpha_2}$，最终 SP 模型为：

$$S_{xy}^{\mathrm{SP}}=\sum_{q\in P_2(v_x,v_y)}\sum_{v_i\in M(q)}k_i^{\beta}+\alpha\sum_{q\in P_3(v_x,v_y)}\sum_{v_i\in M(q)}k_i^{\beta} \tag{5-3}$$

在等式(5-3)中，参数 α 和 β 分别是路径长度和节点度的惩罚因子，用于突出较短的并且中间节点度较小的路径。

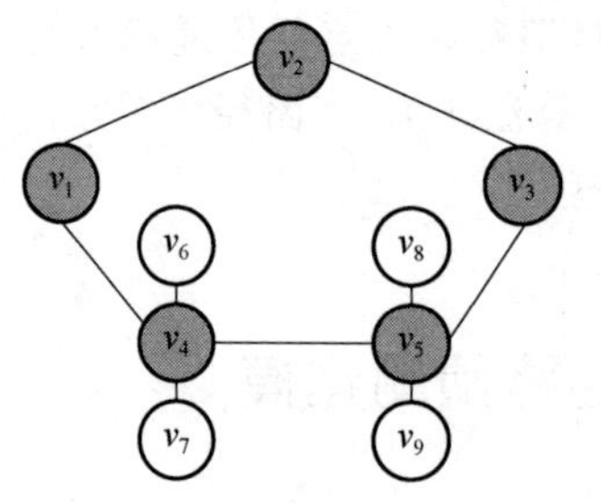

图 5-1 连接端点的有效路径示意图

图 5-1 用简单的例子展示了 SP 算法的意义。以计算端点 v_1 和 v_3 之间的 SP 相似性为例，连接 v_1 和 v_3 的路径有两条，分别是 $q_1=\{v_1,v_2,v_3\}$ 和 $q_2=\{v_1,v_4,v_5,v_3\}$。这两条路径相比，v_2 是路径 q_1 中唯一的节点，由于 v_2 具有较小的度值，并且 q_1 路径也较短，因此，通过 q_1 在两个端点之间传递相似性，损失就会很小，因

而具有较强的相似性传递能力，应该赋予较大权重；相比之下，q_2 有两个大度的中间节点 v_4 和 v_5，相似性通过 q_2 传输会有较大的损失，则 q_2 的相似性传递能力较弱，应该赋予较小权重。

5.3.2　对比算法

为了展现 SP 算法预测的有效性，本书给出了 5 个主流的对比算法。

(1) CN 算法[22]

CN 算法研究端点间相似性，仅仅考虑端点间公共邻居数目。若端点为 v_x 和 v_y，则它们之间的相似性建模如下：

$$s_{xy}^{\mathrm{CN}} = |\Gamma(x) \cap \Gamma(y)| \tag{5-4}$$

在等式(5-4)中 $\Gamma(x)$ 和 $\Gamma(y)$ 分别表示端点 v_x 和 v_y 的邻居节点集，$\Gamma(x) \cap \Gamma(y)$ 表示两个端点的公共邻居节点集，$|\Gamma(x) \cap \Gamma(y)|$ 表示两个端点公共邻居数目。

(2) AA 算法[27]

在 CN 算法的基础上，AA 算法通过对数的倒数形式惩罚大度节点，增强小度节点的弱连接关系，构造相似性算法：

$$s_{xy}^{\mathrm{AA}} = \sum_{z \in \Gamma(x) \cap \Gamma(y)} \frac{1}{\lg(k_z)} \tag{5-5}$$

在等式(5-5)中 k_z 表示节点 z 的度值。

(3) RA 算法[28,35]

RA 算法模拟了两个端点间资源传输的过程，每个邻居节点都是一个中转节点，邻居节点度越大，资源遗漏越多，中转能力越差，通过倒数形式可以惩罚大度邻居节点，构造相似性算法：

$$s_{xy}^{\mathrm{RA}} = \sum_{z \in \Gamma(x) \cap \Gamma(y)} \frac{1}{k_z} \tag{5-6}$$

(4) LP 算法[28,29]

LP 算法不仅考虑两步路径数，还考虑了三步路径数，同时赋予两步路径更大权重：

$$S^{\mathrm{LP}} = \boldsymbol{A}^2 + \varepsilon \boldsymbol{A}^3 \tag{5-7}$$

在等式(5-7)中 $\boldsymbol{A}$ 是邻接矩阵，ε 是取值 0 到 1 之间的惩罚因子。

(5) BLP 算法[30]

根据给定长度的路径在网络中的比例，BLP 算法给路径设置权重：

$$s_{xy}^{\mathrm{BLP}} = \sum_{i=2}^{l_{\max}} \frac{1}{i-1} \frac{|P_i(v_x, v_y)|}{\prod_{j=2}^{i}(N-j)} \tag{5-8}$$

在等式(5-8)中，$l_{\max}$ 表示计算的最长路径长度，N 表示网络节点数，$|P_i(v_x, v_y)|$ 表示在端点 v_x 和 v_y 之间，长度为 i 的路径个数。

5.4 实验结果与分析

为了验证算法的有效性和可靠性，在12个真实数据集上进行了实验，并且同时计算了对比算法的性能。由于研究对象都是无权无向的简单网络，而使用的数据有时并不满足实验要求。因此，必须对数据进行处理，将有向网络变成无向网络，去除多边和环，最终将网络变成无权无向简单网络。

5.4.1 数据集

实验使用的数据共12个，均来自于著名研究机构的数据库[33]，经过处理后情况如下。

① US Air97(USAir)[39]：美国航空网络，332个节点，2 128条边。

② Yeast PPI(Yeast)[40]：酵母菌蛋白质相互作用网络，2 370个节点，10 904条边。

③ NetScience(NS)[41]：网络科学家共同署名网络，1 461个节点，2 742条边。

④ Jazz[42]：爵士乐手合作网络，198个节点，2 742条边。

⑤ C. Elegans(CE)[36]：线虫神经网络，453个节点，2 025条边。

⑥ Slavko[43]：脸书Facebook中Slavko的好友网络，334个节点，2 218条边。

⑦ E-mail network(E-mail)[44]：西班牙罗维拉·维尔吉利大学(Universitat Rovira i Virgili，URV)邮件通信网络，1 133个节点，5 451条边。

⑧ Infectious(Infec)[45]：在2009年都柏林的"远离传染病"展览中人们的接触网络，410个节点，2 765条边。

⑨ EuroSiS web mapping study(ES)[46]：12个欧洲国家科学和社会活动家之间的映射网络，1 272个节点，6 454条边。

⑩ UC Irvine messages social network(UcSoci)[47]：加利福尼亚大学尔湾分校学生之间的在线消息通信网络，1 893个节点，13 825条边。

⑪ Food Web of Florida ecosystem(FW)[48]：湿季时佛罗里达州赛普里斯湿地的食物链网络，128个节点，2 075条边。

⑫ Small & Griffith and Descendants(SmaGri)[49]：Small & Griffith及Descendants的引文网络，1 024个节点，4 916条边。

对于实验的12个真实网络，表5-1列出了它们的基本拓扑性质，$|V|$表示网络总节点数，$|E|$表示网络中的连边数，$\langle k\rangle$表示网络的平均度，$\langle d\rangle$表示网络的平均最短路径，C表示网络聚类系数[36]，r表示网络的同配系数[37]，$H=\frac{\langle k^2\rangle}{\langle k\rangle^2}$表示网络

的度异构程度。

表5-1　12个真实实验网络的基本拓扑特性

网　络	$\|V\|$	$\|E\|$	$\langle k\rangle$	$\langle d\rangle$	C	r	H
USAir	332	2 128	12.81	2.74	0.749	−0.208	3.36
Yeast	2 370	10 904	9.20	5.16	0.378	0.469	3.35
NS	1 461	2 742	3.75	5.82	0.878	0.461	1.85
Jazz	198	2 742	27.70	2.24	0.633	0.020	1.40
CE	453	2 025	8.94	2.66	0.655	−0.225	4.49
Slavko	334	2 218	13.28	3.05	0.488	0.247	1.62
E-mail	1 133	5 451	9.62	3.61	0.254	0.078	1.94
Infec	410	2 765	13.49	3.63	0.467	0.226	1.39
ES	1 272	6 454	10.15	3.86	0.382	−0.012	2.46
UcSoci	1 893	13 825	14.62	3.06	0.138	−0.188	3.81
FW	128	2 075	32.42	1.78	0.334	−0.112	1.24
SmaGri	1 024	4 916	9.60	2.98	0.349	−0.193	3.95

在实验中，每个数据集被随机划分为两部分：90%连边划分为训练集 E^{T}，10%连边划分为测试集 E^{P}。这里 $E=E^{T}\cup E^{P}$，$E^{T}\cap E^{P}=\varnothing$，为了实验的可靠性，需要进行10次随机独立划分，并将10次数据集上的实验结果平均，得到最终的平均性能。

5.4.2　评估准则

为了度量算法的准确性，采用标准的准确性度量AUC[34]，AUC度量可以从整体上衡量算法的准确性，与推荐列表长度 L 无关，非常适合作为评估准则。

设 $\overline{E}=U-E$ 为 E 的补集，通过算法计算，E^{P} 和 $\overline{E}$ 中的边都将会得到一个相似性评分。分别随机从 E^{P} 和 $\overline{E}$ 中各抽取一条边，如果 E^{P} 中边的相似性评分高于 $\overline{E}$ 中的连边评分，则累计1分，如果两者一样，则累计0.5分，否则不计分。如果抽取 n 次，其中 n' 次累计1分，n'' 次累计0.5分，则计算的AUC度量值为：

$$\mathrm{AUC}=\frac{n'+0.5n''}{n} \tag{5-9}$$

5.4.3　结果与分析

在12个真实数据集上，随机独立地划分10次训练集和测试集，设定参数 α 和 β 的变化范围分别为[0,1.0]（参照本章参考文献[29]）和[−2,2]。

在图5-2的12个网络中，在10次独立随机划分条件下，SP算法得到了平均

AUC 性能曲线。由于在本章参考文献[29]中已经对 α 进行了讨论，这里重点关注 β 参数。选择最优 α 和两个对比 α 值，并在给定 α 的情况下，观察 SP 算法的 AUC 性能曲线随 β 的变化情况。

如图 5-2 所示，在大多数情况下，SP 算法的 AUC 性能随着 β 的变化而变化。对于所有数据集，在 $\beta<0$ 时，总能观察到 AUC 曲线的峰值。这个现象直观地说明了，相比于大度节点组成的路径，给小度节点组成的路径以更大的权重，能更多地发现潜在连边，增强链路预测的准确性。特别地，在大多数数据集中，当 $\beta=0$ 时，SP 算法的 AUC 曲线都有一个显著的下降，从这个关键点开始，对大度节点组成的

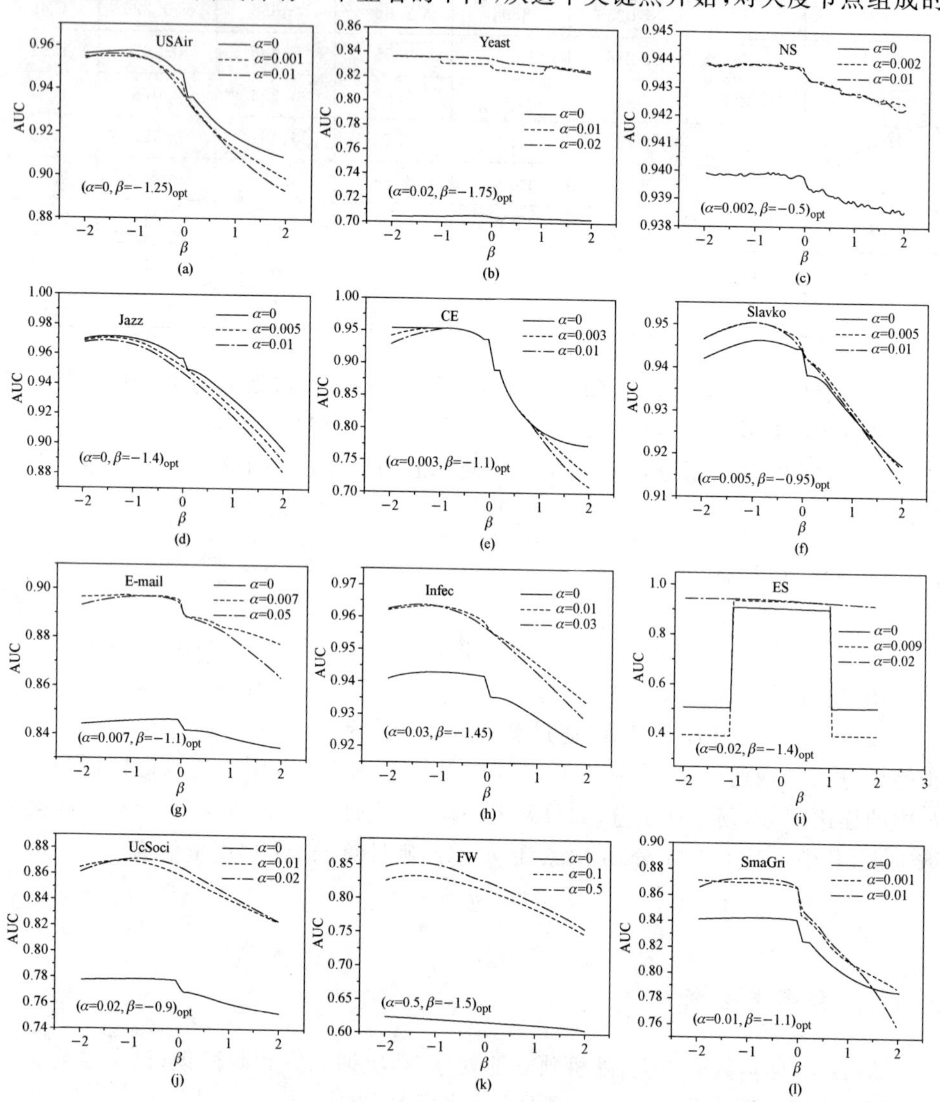

图 5-2　在典型参数 α 下的 SP 算法在 12 个实验网络上随 β 变化的 AUC 性能曲线图

路径,算法由惩罚($\beta<0$)变为了突出($\beta>0$)。由于许多路径都包含了较多的大度节点,如果$\beta>0$,对于大度节点组成的路径,将被错误地认为具有较强的传递能力,并且对于它们所连的端点,将被错误地认为具有较大的相似性,最终导致了算法性能的急剧下降。在图5-2中,除了典型的α值外,还特意给出了$\alpha=0$的AUC性能曲线,它对应于忽略长路径贡献的情况。明显地,在大部分数据中,$\alpha=0$对应的曲线都低于$\alpha>0$所对应的曲线。因此,对于具有较多长路径的网络,SP算法具有明显优异的预测准确性。这也验证了,在预测算法中,考虑部分长路径是非常必要的。

为了展示算法的预测准确性,本书在12个网络上,分别给出了SP算法对应最优(α,β)的性能值。

表5-2给出了SP算法和对比算法的AUC性能值,所有数值都是10次平均后求得的平均性能值,为了体现不同数据集上的最优算法,最佳性能值用粗体字标识。从表中可以看出,在12个数据集中,SP算法在其中的10个数据集上表现最优,而在剩下的两个数据集中,也位列第二。通过表5-2的比较可以明显看出,虽然这些网络具有不同的拓扑属性(参见表5-1)和组织结构,但是SP算法能够一致性地适应多种网络环境,表现出较好的预测准确性。通过比较SP算法和其他算法,能够清晰地认识到,正是由于对路径中大度节点的惩罚和长路径的考虑,才使得SP算法的预测性能得到增强。

表5-2 SP算法与对比算法的AUC性能比较表

网络	CN算法的AUC性能值	AA算法的AUC性能值	RA算法的AUC性能值	LP算法的AUC性能值	BLP算法的AUC性能值	SP算法的AUC性能值
USAir	0.938(0.006 4)	0.950(0.007 2)	0.956(0.007 5)	0.938(0.007 3)	0.931(0.010 0)	**0.960(0.013 2)**
Yeast	0.703(0.005 3)	0.705(0.005 1)	0.705(0.005 2)	0.780(0.006 8)	0.836(0.008 9)	**0.847(0.008 6)**
NS	0.940(0.011 4)	0.940(0.011 4)	0.940(0.011 4)	0.940(0.011 8)	0.943(0.009 5)	**0.944(0.009 4)**
Jazz	0.954(0.005 4)	0.961(0.004 7)	0.970(0.004 6)	0.954(0.005 3)	0.951(0.005 6)	**0.972(0.004 4)**
CE	0.914(0.011 9)	0.948(0.010 2)	0.954(0.010 1)	0.914(0.011 2)	0.911(0.007 6)	**0.957(0.008 9)**
Slavko	0.941(0.009 8)	0.945(0.009 9)	0.946(0.010 0)	0.944(0.010 1)	0.943(0.010 4)	**0.951(0.009 6)**
E-mail	0.844(0.007 1)	0.846(0.007 1)	0.846(0.007 0)	0.893(0.006 4)	**0.902(0.005 4)**	0.899(0.007 7)
Infec	0.939(0.009 6)	0.943(0.009 4)	0.944(0.009 3)	0.954(0.012 4)	0.958(0.006 5)	**0.964(0.006 2)**
ES	0.910(0.005 9)	0.912(0.006 1)	0.912(0.006 1)	0.936(0.007 3)	0.938(0.005 1)	**0.945(0.005 6)**
UcSoci	0.773(0.006 6)	0.778(0.006 8)	0.778(0.006 8)	0.838(0.005 1)	0.870(0.005 9)	**0.871(0.007 3)**
FW	0.612(0.016 2)	0.615(0.015 8)	0.620(0.014 6)	0.800(0.012 1)	0.641(0.005 1)	**0.873(0.014 2)**
SmaGri	0.833(0.007 4)	0.843(0.007 3)	0.843(0.007 6)	0.857(0.007 9)	**0.875(0.007 6)**	0.874(0.010 3)

注:数值表示平均AUC,括号中数字表示标准差。

分析各个算法可以看出,CN 算法仅计算了端点间两步路径数,忽略了中间节点度和长路径的传递能力,因此导致了最差的预测性能。在 CN 算法的基础上,AA 算法和 RA 算法惩罚了大度中间节点,相比 CN 算法提升了准确性。但是,在不同网络度分布下,算法缺乏灵活性,不能自适应地获得更优的预测性能。不仅如此,AA 算法和 RA 算法同样没有考虑长路径的传递能力,因此无法获得更优的预测性能。虽然考虑了较长路径的贡献,但 LP 算法和 BLP 算法仅简单地计算路径个数,忽略了路径中间节点度的传递能力,导致了较低的预测准确性。相比之下,SP 算法不仅考虑端点间的长路径,而且惩罚了路径中的大度节点,给小度节点组成的路径赋予较高的权重;同时将获得权重赋值的路径求和,针对端点间所有路径,合理地计算了总的相似性传递能力。实验结果表明,通过惩罚大度节点,SP 算法明显优于对比算法。因此,联合考虑惩罚大度节点和长路径的传递能力,SP 算法明显提升了预测准确性。

5.5 本章小结

在复杂网络研究中,链路预测受到研究者们的广泛关注。在短时间内,出现了众多的研究成果,包括局部路径相似性算法、全局路径相似性算法和半局部路径相似性算法。但是通过研究发现,传统算法缺乏对路径异构性的研究,尤其是对于较长路径。在端点间研究对相似性传递的能力,可以看出,相比于大度节点组成的路径,小度节点组成的路径传递能力更强。因此,在研究链路预测算法时,应该注意到,由于中间节点具有度差异,使得路径表现出异构性,而且应该考虑部分起重要作用的长路径的传递能力。在上述思想下,本书提出了 SP 算法。为了验证算法的有效性,在 12 个真实网络中测算了 AUC 性能,同时对比了传统的 5 个经典算法,结果表明 SP 算法极大地提升了预测准确性,符合预期设想。

5.6 研究思考

本章从局部路径相似性角度出发,基于路径异构性,通过自适应惩罚因子,赋予短的由小度节点组成的路径以较大权重,突出强传递能力的路径,赋予长的由大度节点组成的路径以较小的权重,抑制弱传递能力的路径,构建端点相似性链路预测模型。读者可以从以下角度进一步思考:①路径由节点和连边组成,路径的传递能力究竟和什么因素有关,如路径节点的中心性、重要性以及路径长度等,构成路径有效传递能力的因素是一个重要的研究思路;②本章将路径中的节点度以求和的形式构建路径传递能力，这样的建模方式是否最优，是否存在其他综合节点能力的模型，这也是一个重要的研究思路；③端点间的相似性通过端点间路径传递，路径是有差异性的，如何合理区分路径差异性，构建不同路径权重模型也是一个重要的研究思路。

本章参考文献

[1] Zhu X Z, Tian H, Cai S, et al. Predicting missing links via significant paths [J]. Physica A: Statistical Mechanics and Its Applications, 2014, 413 (11): 515-522.

[2] Albert R Z, Barabási A L. Statistical mechanics of complex networks[J]. Reviews of Modern Physics, 2002, 74 (1): 47-47.

[3] Goltsev A V, Dorogovtsev S N, Mendes J F F. Percolation on correlated networks [J]. Physical Review. E Statistical, Nonlinear, and Soft Matter Physics, 2008, 78 (5): 051105.

[4] Newman M E J. The structure and function of complex networks[J]. Society for Industrial and Applied Mathematics (SIAM Review), 2003, 45(2): 167-256.

[5] Boccaletti S, Latora V, Moreno Y, et al. Complex networks: structure and dynamics[J]. Complex Systems and Complexity Science, 2007, 424 (4/5): 175-308.

[6] da Costa L F, Rodrigues F A, Travieso G, et al. Characterization of complex networks: a survey of measurements[J]. Advances in Physics, 2007, 56 (1): 167-242.

[7] Lü L Y, Zhou T. Link prediction in complex networks: a survey [J]. Physica A: Statistical Mechanics and Its Applications, 2011, 390(6): 1150-1170.

[8] Getoor L, Diehl C P. Link mining: a survey[J]. ACM SIGKDD Explor. Newslett., 2005, 7 (2): 3-12.

[9] Wang W Q, Zhang Q M, Zhou T. Evaluating network models: a likelihood analysis[J]. EPL (Europhysics Letters), 2012, 98(2): 28004.

[10] Zhang Q M, Lü L Y, Wang W Q, et al. Potential theory for directed networks[J]. PloS One, 2013, 8 (2): e055437.

[11] Scellato S, Noulas A, Mascolo C. Exploiting place features in link prediction on location-based social networks[C]//Proceedings of the 17th ACM

SIGKDD International Conference on Knowledge Discovery and Data Mining. San Diego:ACM,2011:1046-1054.

[12] Wang D,Pedreschi D,Song C,et al. Human mobility,social ties,and link prediction[C]//Proceedings of the 17th ACM SIGKDD International Conference on Knowledge Discovery and Data Mining. San Diego:ACM,2011:1100-1108.

[13] Mamitsuka H. Mining from protein - protein interactions[J]. Wiley Interdisciplinary Reviews: Data Mining and Knowledge Discovery, 2012, 2 (5):400-410.

[14] Cannistraci C V,Alanis-Lobato G,Timothy R. Minimum curvilinearity to enhance topological prediction of protein interactions by network embedding[J]. Bioinformatics,2013,29(13):199-209.

[15] Guimerà R,Sales-Pardo M. Missing and spurious interactions and the reconstruction of complex networks[J]. Proceedings of the National Academy of Sciences,2009,106 (52):22073-22078.

[16] Huang Z,Li X,Chen H . Link prediction approach to collaborative fltering [C]//Proceedings of the 5th ACM/IEEECS Joint Conference on Digital Libraries . Denver:ACM,2005:141-142.

[17] Lü L Y,Medo M,Yeung C H,et al. Recommender systems[J]. Physics Reports,2012,519(1):1-49.

[18] Liben-Nowell D,Kleinberg J. The link-prediction problem for social networks[J]. Journal of the American Society for Information Science and Technology,2007,58(7):1019-1031.

[19] Yin Z J,Gupta M,Weninger T,et al. Linkrec:a unified framework for link recommendation with user attributes and graph structure[C]//Proceedings of the 19th International Conference on World Wide Web. Raleigh:ACM, 2010:1211-1212.

[20] Schifanella R,Barrat A,Cattuto C,et al. Folks in folksonomies:social link prediction from shared metadata[C]// Proceedings of the Third ACM International Conference on Web Search and Data Mining . New York: ACM,2010:271-280.

[21] Katz L. A new status index derived from sociometric analysis[J]. Psychometrika,1953,18 (1):39-43.

[22] Newman M E J. Clustering and preferential attachment in growing networks[J]. Physical Review. E Statistical, Nonlinear, and Soft Matter

Physics,2001,64(2):025102-025102.

[23] Salton G,McGill M J. Introduction to modern information retrieval [M]. [S. l. :s. n.],1983.

[24] Sørensen T. A method of establishing groups of equal amplitude in plant sociology based on similarity of species and its application to analyses of the vegetation on Danish commons[J]. Biol. Skr. ,1948 (5):1-34.

[25] Ravasz E,Somera A L,Mongru D A,et al. Hierarchical organization of modularity in metabolic networks [J]. Science, 2002, 297 (5586): 1551-1555.

[26] Leicht E,Holme P,Newman M E J. Vertex similarity in networks[J]. Physical Review. E Statistical,Nonlinear,and Soft Matter Physics,2006,73(2):026120.

[27] Adamic L A,Adar E. Friends and neighbors on the web[J]. Soccial Networks,2003,25(3):211-230.

[28] Zhou T,Lü L Y,Zhang Y C. Predicting missing links via local information [J]. European Physical Journal B,2009,71 (4):623-630.

[29] Lü L Y,Jin C H,Zhou T. Similarity index based on local paths for link prediction of complex networks [J]. Physical Review. E Statistical,Nonlinear,and Soft Matter Physics,2009,80 (4):046122.

[30] Alexis P,Symeonidis P,Manolopoulos Y. Fast and accurate link prediction in social networking systems[J]. Journal of Systems and Software,2012,85 (9):2119-2132.

[31] Liu W P,Lü L Y. Link prediction based on local random walk[J]. EPL (Europhysics Letters),2010,89 (5):58007.

[32] Goldberg D,Nichols D,Oki B M,et al. Using collaborative filtering to weave an information tapestry[J]. Communications of the ACM,1992,35(12):61-70.

[33] Batageli V,Mrvar A, Pajek Datasets[EB/OL]. [2018-06-07]. http://vlado. fmf. uni-lj. si/pub/networks/data.

[34] Hanley J A,Barbara J M. A method of comparing the areas under receiver operating characteristic curves derived from the same cases[J]. Radiology, 1983,148 (3):839-843.

[35] Ou Q,Jin Y D,Zhou T,et al. Power-law strength-degree correlation from resource-allocation dynamics on weighted networks[J]. Physical Review. E Statistical,Nonlinear,and Soft Matter Physics,2007 (72):021102.

[36] Watts D J,Strogatz S H. Collective dynamics of “small-world” networks [J]. Nature,1998 (393):440-442.

[37] Newman M E J. Assortative mixing in networks[J]. Physical Review Letters,2002,89(20):208701.

[38] Yan G,Zhou T,Hu B,et al. Efficient routing on complex networks[J]. Physical Review. E Statistical,Nonlinear,and Soft Matter Physics,2006,73 (4):046108.

[39] Batagelj V,Mrvar A. Pajek—a program for large network analysis [J]. Connections,1998,21 (2):47-57.

[40] Bu D B,Zhao Y,Cai L,et al. Topological structure analysis of the protein-protein interaction network in budding yeast[J]. Nucleic Acids Research,2003,31 (9):2443-2450.

[41] Newman M E J. Finding community structure in networks using the eigenvectors of matrices[J]. Physical Review. E Statistical, Nonlinear, and Soft Matter Physics,2006,74(3):036104.

[42] Gleiser P M,Danon L. Community structure in jazz[J]. Advances in Complex Systems,2003,6(4):565-573.

[43] Blagus N,Ubelj L,Bajec M. Self-similar scaling of density in complex real-world networks[J]. Physica A:Statistical Mechanics and Its Applications,2012,391(8):2794-2802.

[44] Guimera R,Danon L,Diaz-Guilera A,et al. Self-similar community structure in a network of human interactions[J]. Physical Review. E Statistical,Nonlinear,and Soft Matter Physics,2003,68 (6):065103.

[45] Isella L,Stehlé J,Barrat A,et al. What's in a crowd? Analysis of face-to-face behavioral networks[J]. Journal of Theoretical Biology, 2011, 271 (1):166-180.

[46] van Welden D. Mapping system theory problems to the field of knowledge discovery in databases[C]// Proceedings of FUBUTEC'2004: 1st Future Business Technology Conference (EUROSIS). [S. n.]: EUROSIS, 2004: 55-59.

[47] Opsahl T,Panzarasa P. Clustering in weighted networks[J]. Social Networks,2009,31 (2):155-163.

[48] Melián C J,Bascompte J. Food web cohesion[J]. Ecology,2004,85 (2):352-358.

[49] Hummon N P,Dereian P. Connectivity in a citation network: the development of DNA theory[J]. Social Networks,1989,11 (1):39-63.

[50] Guimerà R,Mossa S,Turtschi A,et al. The worldwide air transportation network: anomalous centrality, community structure, and cities' global

roles[J]. Proceedings of the National Academy of Sciences,2005,102 (22): 7794-7799.

[51] Index. php[EB/OL]. [2018-06-07]. http://wiki. gephi. org/index. php? title=Datasets.

[52] Networks [EB/OL]. [2018-06-07]. http://konect. uni-koblenz. de/networks/.

[53] Link Prediction Group[EB/OL]. [2018-06-07]. http://www. linkprediction. org/index. php/link/resource/data.

第6章 基于端点影响力的链路预测算法

考虑影响端点相似性的拓扑因素，除了路径本身之外，还有端点自身的影响力。对于端点影响力的研究，传统算法具有一定的局限性，模型预测准确性较低。在考虑路径结构的同时，本章着重研究端点影响力对相似性的贡献。通过研究发现，端点度的大小会影响对其他端点的吸引力，但是，即使端点具有相同的端点度，其影响力也可能不同。因为对代表影响力的端点连边而言，并不都能连接到对端，即端点度相对于对端而言存在冗余性。在考虑路径结构的基础上，本章将研究处理端点冗余影响力的算法：由于能传递到对端的影响力才是有效的，因此，通过计算连接对端的路径数，可以表示端点有效影响力，进而建模链路预测算法，这种算法称之为有效路径（Effective Path，EP）[1]算法。在真实数据集上，经过与传统算法的比较，可以看出，EP算法明显提升了预测准确性。

6.1 研究背景

在过去几年中，复杂网络的研究经历了快速的发展，研究者发表了众多相关成果，引起了学术界的广泛关注。复杂网络的研究对象是系统，将组件和组件关系分别看作节点和连边[1,2,3]。在长期的研究中，人们一直试图探索出网络拓扑和网络功能之间的内在规律[4,5,6]，特别地，在各种各样的研究中，预测网络的拓扑链路成了研究的焦点[7,8]。在真实世界中，链路预测广泛存在，如存在于蛋白质相互作用网络[9]、线虫神经网络[10]、食物链生态网络[11]、信息检索网络[12,13,14,15,16]、社交网络[17,18,19]、供电基础设施网络[20]、Internet网络[21]以及航空交通网络[22]。

在科学和工程中，链路预测表现出了重要的应用价值，吸引了众多的研究者。在此过程中，很多有意义的研究成果问世[23,24]，其中，基于拓扑结构相似性的算法获得了巨大成功[17,24]。基于结构相似性的算法认为，若在端点间，存在较多资源传输能力很强的路径，那么这两个端点就具有显著的相似性，并在未来可能发生连接。基于上述假设，研究者们提出了很多算法，按照考虑的路径长度，算法被分为3类。首先是局部路径相似性算法。局部路径相似性算法仅考虑两步长路径，认为假如两个端点之间公共邻居较多，则未来两个端点发生连接的可能性较大。例如，CN 算法[25]直接计算公共邻居数目，AA 算法[26]和 RA 算法[27]惩罚大度公共邻居节点，Sørensen 算法[28]、Leicht-Holme-Newman 算法[29]考虑惩罚大度端点。其次是全局路径相似性算法，主要关注全局拓扑信息，例如，Katz 算法[30]计算连接端点的所有路径个数，同时赋予短路径较大权重。虽然，全局路径相似性算法具有较高的准确性，但是算法复杂度极高，在实际应用中缺乏实用性。最后，为了实现有效性和复杂性的权衡，研究者们又提出了半局部路径相似性算法，寻找关键路径，忽略过长的低效复杂路径。例如：LP 算法[27,31]忽略了 Katz 算法中的复杂长路径，在获得较好准确性的同时，增强了算法的实用性；考虑有限长路径，并根据不同长度路径的比例，好友链路（Friend Link，FL）算法给不同路径设置权重[32]；本地随机游走（Local Random Walk，LRW）算法和叠加的 LRW 算法限制随机游走在有限长的局部范围内[33]。

6.2 问题描述

在真实网络中，端点的连边形成了端点的度值，并且这些连边建立了端点与外界的联系，使端点具有了对外界的影响力[17,34]。端点与外界的联系越多，端点吸引其他节点的可能性越大，即端点度会影响端点对外界的吸引力。但是，即使端点有较多的连边关系，其影响力也并不一定都能传递到具体的对端。原因是对于连接端点的所有连边，不一定都有路径连接到具体的对端。以社交网络为例，在网络中，一个用户因为有较多的好友，使得他具有较强的影响力，则在较大范围，他可以通过好友将一个消息传递给其他用户。在这个过程中，通过用户之间连成的路径，消息完成传递。对于某个具体用户而言，虽然消息可能传递给他，但不能保证通过所有连边关系，消息都能到达这个用户。因为现实中端点存在无贡献关系，对于有效影响力传输，这些关系是无意义的。并且在消息传递过程中，由于路径连通度不同，所具有的消息传输能力也不同。总的来说，端点的有效连边关系越多，并且路径连通度也较大，则形成的有效影响力越大，导致两端点未来发生连接的可能性越大，如图 6-1 所示。

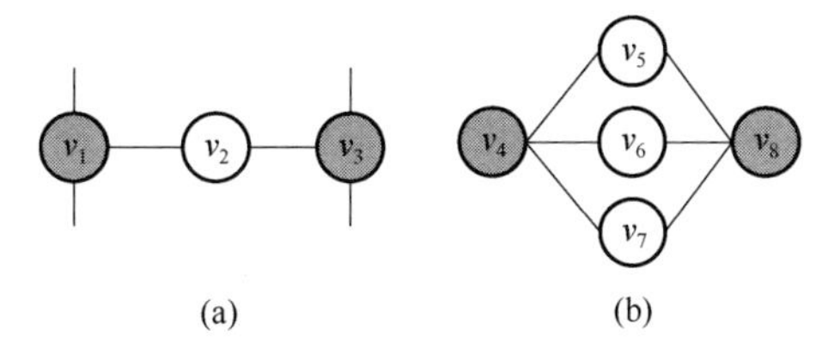

图 6-1　端点影响力和连边关系示意图

比较图 6-1(a)和图 6-1(b)，假如分别在图 6-1(a)和图 6-1(b)中，将一个消息从 v_1 发到 v_3 和从 v_4 发到 v_8，那么在图 6-1(a)中有效路径只有 1 条，而后者有效路径有 3 条。明显地，相比前者，后者有更有效的影响力和更强的连通性。因此，v_4 和 v_8 的相似性要大于 v_1 和 v_3。根本原因在于，v_1 和 v_3 都有两个端点连边关系是无贡献的，而 v_4 和 v_8 的端点连边关系都是有贡献的，真正起作用的还是有贡献连边关系。因此，通过抽取有效连边，可以表达端点的有效影响力，同时考虑端点间异构路径的连通能力，就可以更加准确地估计端点间相似性。

6.3 基于端点影响力建立链路预测模型

从问题的分析可以看出，端点影响力是链路预测建模的一个重要因素。有效连边可以增强端点有效影响力，而无效连边则起到反作用。因此，从突出有效影响力角度建立模型，应直接抽取有效影响力，并剔除无效连边，同时结合端点间路径异构性，才能最终构建有效链路预测模型。

6.3.1 EP 模型

无权无向网络表示为 $G(V,E)$，V 和 E 分别表示网络的节点集和连边集，网络中不存在多边和自环。为了表达端点的相似性，算法给每对不相连节点 x 和 y 分配一个相似性数值 s_{xy}，用来表征它们未来发生连接的可能性。将它们的相似性数值按降序排列，并且数值越靠前，相应的端点对在未来发生连边的可能性越大。为了便于引入模型，这里递进地给出模型定义。

定义 6-1 在无权无向网络 $G(V,E)$ 中，对于端点 x 和 y 之间的第 j 条 l 步长的路径 $q=\{v_0=x,v_1,\cdots,v_{l-1},v_l=y\}$，其连通性 $C(x,y)\mid_l^j$ 等于从 v_1 到 v_l 或从 v_{l-1} 到 v_0 的转移概率乘积：

$$C(x,y)\mid_l^j=\prod_{i=1}^{l-1}P(v_{i+1}\mid v_i)=\prod_{i=1}^{l-1}P(v_{l-1-i}\mid v_{l-i}) \tag{6-1}$$

在等式(6-1)中，$P(v_{i+1}\mid v_i)=\frac{1}{k(v_i)}$表示从节点 v_i 跳转到 v_{i+1} 的概率，$k(v_i)$表示节点 v_i 的度值。由于连接端点的路径存在异构性问题，相比于大度节点组成的路径，小度节点组成的路径拥有较强的连通能力。因此，需要对不同路径赋予一个指数权重 $\beta\in[0,\infty]$，在 x 和 y 之间，长度为 l 的路径的总连通能力为：

$$C(x,y)\mid_l=\sum_{j=1}^{N(l)}[C(x,y)\mid_l^j]^\beta \tag{6-2}$$

在等式(6-2)中，$N(l)$表示连接 x 和 y 的长度为 l 的路径数。

定义 6-2 在无权无向网络 $G(V,E)$ 中，链路预测算法 $s_{xy}^{\mathrm{EP}}(t)$将包含长度从 2

到 t 的所有路径，定义如下：

$$s_{xy}^{\mathrm{EP}}(t)=\sum_{l=2}^{t}|\mathrm{paths}_{xy}^{l}|C(x,y)|_{l}\tag{6-3}$$

在等式(6-3)中，$|\mathrm{paths}_{xy}^{l}|$表示连通端点 x 和 y 的长度为 l 的路径数。

以图 6-1 为例，图 6-1(a)和图 6-1(b)的连通度分别是$\left(\frac{1}{2}\right)^{\beta}$和$\left[\left(\frac{1}{2}\right)^{\beta}+\left(\frac{1}{2}\right)^{\beta}+\left(\frac{1}{2}\right)^{\beta}\right]$，并且在图 6-1(a)和图 6-1(b)中，由连通路径数表达的端点有效影响力分别为 1 和 3。根据等式(6-3)，可以算出在图 6-1(a)和图 6-1(b)中，端点间的相似性分别为 $1\times\left(\frac{1}{2}\right)^{\beta}$ 和 $3\times\left[\left(\frac{1}{2}\right)^{\beta}+\left(\frac{1}{2}\right)^{\beta}+\left(\frac{1}{2}\right)^{\beta}\right]$，这里 $\beta>0$ 旨在突出路径的强连通性。

6.3.2　对比算法

为了展示算法优异的准确性，本书引入了 6 个经典的对比算法。

(1) CN 算法[25]

考虑两个端点公共邻居数，CN 算法认为公共邻居越多，端点越相似，建模如下：

$$s_{xy}^{\mathrm{CN}}=|\Gamma(x)\cap\Gamma(y)|\tag{6-4}$$

在等式(6-4)中，$\Gamma(x)$表示端点 x 的邻居节点集，$|\Gamma(x)\cap\Gamma(y)|$表示端点 x 和 y 的公共邻居数目。

(2) AA 算法[26]

基于 CN 算法，AA 算法对节点度计算对数值，然后求倒数，惩罚大度节点，得到如下模型：

$$s_{xy}^{\mathrm{AA}}=\sum_{z\in\Gamma(x)\cap\Gamma(y)}\frac{1}{\lg(k_z)}\tag{6-5}$$

在等式(6-5)中，k_z 表示节点 z 的度值。

(3) RA 算法[27]

RA 算法从网络资源分配角度出发，在两个端点之间，研究公共邻居的相似性传递能力。将每个公共邻居节点看作资源转发点，最终计算端点获得的总资源量，算法模型如下：

$$s_{xy}^{\mathrm{AA}}=\sum_{z\in\Gamma(x)\cap\Gamma(y)}\frac{1}{k_z}\tag{6-6}$$

(4) LP 算法[27,31]

LP 算法计算端点间的路径数目，包括长度为 2 和 3 的路径，同时惩罚长路径，模型如下：

$$\boldsymbol{S}^{\mathrm{LP}} = \boldsymbol{A}^2 + \varepsilon \boldsymbol{A}^3 \tag{6-7}$$

在等式(6-7)中,$\boldsymbol{A}$ 是邻接矩阵,$\varepsilon \in [0,1]$是长路径惩罚因子。

(5) FL 算法[32]

考虑给定长度路径最大可能的路径数比例,FL 算法给不同路径赋予权重,并且计算端点间所有路径的总连通能力,算法模型如下:

$$s_{xy}^{\mathrm{FL}} = \sum_{i=2}^{l_{\max}} \frac{1}{i-1} \cdot \frac{|P_i(v_x, v_y)|}{\prod_{j=2}^{i}(N-j)} \tag{6-8}$$

在等式(6-8)中,$l_{\max}$ 表示最长路径长度,N 表示节点总数,$|P_i(v_x,v_y)|$表示端点 x 和 y 之间长度为 i 的路径数。

(6) SRW 算法[33]

考虑端点资源量和端点间所有长度路径,SRW 算法对所有路径上的资源传递能力求和,建模如下:

$$s_{xy}^{\mathrm{SRW}}(t) = \sum_{\tau=1}^{t} [q_x \pi_{xy}(\tau) + q_y \pi_{xy}(\tau)] \tag{6-9}$$

在等式(6-9)中,$q_x = \dfrac{k_x}{2|E|}$表示端点 x 的资源量,$\pi_{xy}(\tau)$表示从端点 x 到端点 y 的 τ 步转移概率。

6.4 实验结果与分析

为了检验算法的有效性和可靠性,在 15 个真实的数据集上进行实验验证,并且计算了对比算法的性能。由于研究对象都是无权无向的简单网络,而实际使用的数据有时并不满足实验要求,因此必须首先对数据进行处理。将有向图变成无向图,将多边变为单边,并且去掉环边,最终将网络变成无权无向简单图。

6.4.1 数据集

对于实验使用的 15 个数据,它们均来自于著名研究机构的数据库[35,50,51,52],经过数据处理后情况如下。

① US Air97(USAir)[36]:美国航空网络,332 个节点,2 128 条边。

② Yeast PPI(Yeast)[37]:酵母菌蛋白质相互作用网络,2 370 个节点,10 904 条边。

③ NetScience(NS)[38]:网络科学家共同署名网络,1 461 个节点,2 742 条边。

④ C. Elegans(CE)[39]:线虫神经网络,453 个节点,2 025 条边。

⑤ Slavko[40]:脸书 Facebook 中 Slavko 的好友网络,334 个节点,2 218 条边。

⑥ Jazz[41]:爵士乐手合作网络,198 个节点,2 742 条边。

⑦ E-mail network(E-mail)[41]:西班牙罗维拉·维尔吉利大学邮件通信网络,1 133 个节点,5 451 条边。

⑧ EuroSiS(ES)[43]:12 个欧洲国家科学和社会活动家之间的映射网络数据,1 272 个节点,6 454 条边。

⑨ Food Web of Florida ecosystem(FW)[44]:湿季时佛罗里达州赛普里斯湿地的食物链网络,128 个节点,2 075 条边。

⑩ Small & Griffith and Descendants (SmaGri)[45]: Small & Griffith 及 Descendants的引文网络,1 024 个节点,4 916 条边。

⑪ UC Irvine messages social network(UcSoci)[46]:加利福尼亚大学尔湾分校学生之间的在线消息通信网络,1 893 个节点,13 825 条边。

⑫ Power Grid(PG)[20]:美国国家电网数据,4 941 个节点,6 594 条边。

⑬ Route topology of internet(Route):因特网路由网络数据,5 022 个节点,6 258 条边。

⑭ Infectious(Infec)[48]:在 2009 年都柏林的"远离传染病"展览中人们的接触网络,410 个节点,2 765 条边。

⑮ Political Blogs(PB)[49]:政治家博客网络,1 222 个节点,16 717 条边。

对于 15 个真实网络,表 6-1 列出了其基本拓扑特性。$|V|$表示网络总节点数,$|E|$表示网络的总连边数,$\langle k\rangle$表示网络的平均度,$\langle d\rangle$表示网络的平均最短距离,C 表示网络的聚类系数[36],r 表示网络的同配系数[37],$H=\frac{\langle k^2\rangle}{\langle k\rangle^2}$表示网络的度异构程度。

表 6-1　15 个真实网络数据的基本拓扑特性表

网　络	$\|V\|$	$\|E\|$	$\langle k\rangle$	$\langle d\rangle$	C	r	H
USAir	332	2 128	12.810	2.74	0.749	−0.208	3.36
Yeast	2 370	10 904	9.200	5.16	0.378	0.469	3.35
NS	1 461	2 742	3.750	5.82	0.878	0.461	1.85
CE	453	2 025	8.940	2.66	0.655	−0.225	4.49
Slavko	334	2 218	13.280	3.05	0.488	0.247	1.62
Jazz	198	2 742	27.700	2.24	0.633	0.020	1.40
E-mail	1 133	5 451	9.620	3.61	0.254	0.078	1.94
ES	1 272	6 454	10.150	3.86	0.382	−0.012	2.46
FW	128	2 075	32.420	1.78	0.334	−0.112	1.24
SmaGri	1 024	4916	9.600	2.98	0.349	−0.193	3.95

续 表

网　络	$\|V\|$	$\|E\|$	$\langle k\rangle$	$\langle d\rangle$	C	r	H
UcSoci	1 893	13 825	14.620	3.06	0.138	−0.188	3.81
PG	4 941	6 594	2.669	15.87	0.107	0.003	1.45
Route	5 022	6 258	2.492	5.99	0.033	−0.138	5.50
Infec	410	2 765	13.490	3.63	0.467	0.226	1.39
PB	1 222	16 717	27.360	2.51	0.360	−0.221	2.97

在实验中,每个数据集被随机划分为两部分:90%连边划分为训练集 E^{T},10%连边划分为测试集 E^{P}。这里 $E=E^{\mathrm{T}}\cup E^{\mathrm{P}}$,$E^{\mathrm{T}}\cap E^{\mathrm{P}}=\varnothing$,为了保证实验的可靠性,需要进行 10 次独立随机划分,并且将 10 次数据集上的实验结果平均,得到最终的平均性能。

6.4.2 评估准则

为了度量算法的准确性,采用标准的准确性度量 AUC[34],AUC 度量可以从整体上衡量算法的准确性,而与推荐列表长度 L 无关,非常适合作为评估准则。

设 $\overline{E}=U-E$ 为 E 的补集,算法会给 E^{P} 和 $\overline{E}$ 中的边一个相似性评分。分别随机从 E^{P} 和 $\overline{E}$ 中各抽取一条边,如果来自 E^{P} 的边的相似性评分高于 $\overline{E}$ 中的连边,则累计 1 分,如果两者相等,则累计 0.5 分,否则不计分。如果抽取 n 次,其中 n'次累计 1 分,n''次累计 0.5 分,则计算的 AUC 度量值为:

$$\mathrm{AUC}=\frac{n'+0.5n''}{n} \tag{6-10}$$

6.4.3 结果与分析

对于端点间的相似性而言,虽然过长路径传递能力可以忽略,但是部分传递能力较强的长路径应该被考虑。传递相似性的路径从无到有,两端点之间的相似性会增长,但是随着路径长度的增加,资源的散失变得越来越严重,导致散失的资源量反而超过长路径传递的资源量,进而出现一个转折。通过研究这个转折点,可以发现网络的最优长度限制,这样不仅可以提高算法性能,同时还可以降低算法复杂度。为此在图 6-2 中,基于等式(6-2)和(6-3),选取代表性的 $\beta=1,2,3$,在 15 个真实数据上,考察了不同长度 t 下的 AUC 性能,在 10 次平均的基础上,得到每个数据的平均 AUC 曲线,消除了随机因素。x 轴表示叠加的最长路径长度,y 轴表示对应的 AUC 性能值。可以看出,虽然参数 β 不同,数据也不同,但除了 PG 数据外,15 个 AUC 曲线图表现出相近的变化趋势,即都在 $t=3$ 附近达到了最优值。而对于 PG 网络,由于平均距离较长,为$\langle d\rangle=15.87$,最优值出现在了 $t=12$,参考

表 6-1。总的来看，将最大累加路径长度定在 $t=3$，对于大多数网络来说，能获得较好的预测准确性，并能极大地降低计算的复杂度，增强算法的实用性。

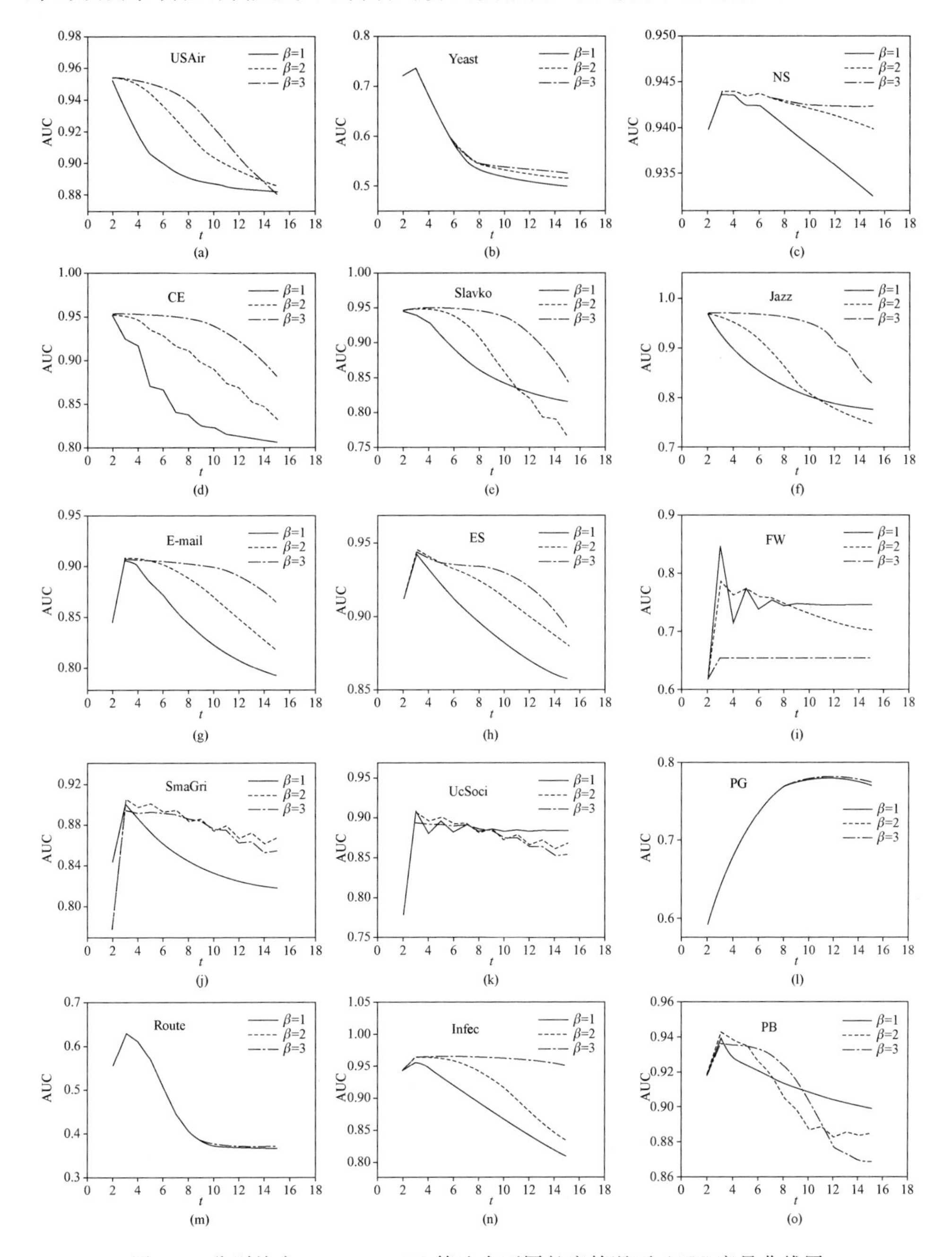

图 6-2 分别给定 $\beta=1,2,3$，EP 算法在不同长度情况下 AUC 度量曲线图

由于同时考虑了路径的异构性，相比于大度节点组成的路径，EP 算法认为，小度节点组成的路径传递相似性能力更强。因此，参数 β 用来惩罚大度节点组成的路径，同时给小度节点组成的路径更大权重。假设认为，通过调整 $\beta>0$ 可以突出小度节点组成的路径，并抑制大度节点组成的路径。为了验证假设，在图 6-3 中，基于 15 个真实数据，在 $\beta\in[-5,5]$ 情况下，获得了 EP 算法的 AUC 变化曲线，为了消除随机性影响，每个数据集都被独立随机地划分为训练集和测试集，并且操作 10 次，AUC 曲线值为 EP 算法的平均性能。在图 6-3 中，所有图的 x 轴表示 β 的变化，y 轴表示 AUC 的结果。为了增强可对比性和精确性，β 参数范围设置为 -5 到 5，并保持间隔 0.01。

从图 6-3 可以看出，虽然 15 个数据集的拓扑属性差别较大(参考表 6-1)，但是它们的峰值同时出现在 $\beta>0$ 的位置，即 USAir 是 $\beta=2.39$，Yeast 是 $\beta=1.74$，NS 是 $\beta=3.17$，CE 是 $\beta=4.09$，Slavko 是 $\beta=2.2$，Jazz 是 $\beta=3.02$，E-mail 是 $\beta=1.48$，ES 是 $\beta=1.77$，FW 是 $\beta=1.12$，SmaGri 是 $\beta=1.57$，UcSoci 是 $\beta=1.35$，PG 是 $\beta=2.04$，Route 是 $\beta=1.4$，Infec 是 $\beta=2.29$，PB 是 $\beta=1.76$，并且在 15 个数据集上，这些 β 所对应的 AUC 值都优于 $\beta=1$ 时的值。由于 $\beta=1$ 时，相比于大度节点组成的路径，小度节点组成的路径没有得到增强，所以 AUC 性能没有达到最优。作为对比，相比于 $\beta>0$ 时的性能值，$\beta<0$ 时的 AUC 性能值要低得多。因此，从上述结果可以看出，相比于弱连通路径，突出小度节点构成的具有较强连通能力的路径，能有效提高链路预测的准确性。虽然考虑了路径的异构性，但对于 EP 算法的核心意义，还是在于对端点有效影响力的提取。基于端点间的有效路径数，算法得到了端点间的有效影响力，直接去除了冗余影响力的干扰，能够突出有效影响力较大的端点，增强链路预测算法的准确性。

从图 6-2 和图 6-3 可以看出，利用端点间连通路径数建模有效影响力，并突出强连通路径，能得到较好的预测准确性。但是，相比于传统算法，为了进一步展现 EP 算法性能的提升，同时在 15 个数据集上，还计算了 6 个典型算法的 AUC 平均性能，并将最优平均值列在了表 6-2 中。

为了突出每个数据集中的最优算法，最佳的 AUC 性能值将被标记为粗体。从表中的数字结果可以明显看出，在 15 个数据集上，EP 算法的性能都优于传统算法，并且在 FW 和 UcSoci 中性能尤其突出。究其原因，就是突出端点有效影响力和强连通路径。CN 算法仅仅考虑了两个端点的公共邻居数，忽略了较长路径的贡献和不同路径的连通能力，导致了最差的准确性，如在 CE 数据集上的性能。在 CN 算法的基础上，AA 算法和 RA 算法进行了改进，虽然算法形式略有差别，但都考虑了两跳路径的连通能力。尽管如此，AA 算法和 RA 算法还是忽略了端点影响力的作用和长路径的连通能力。对于 LP 算法和 FL 算法，虽然考虑了端点有效影响力和长路径的贡献，但却忽略了路径异构性，没有突出小度节点所组成的路径，限制了性能的改进空间。SRW 算法不仅考虑了端点影响力，而且也考虑了长路径的连通能力，但是却忽略了端点冗余影响力的干扰，也没有突出小度节点构成的路径。通过研究以往算法的局限性，基于抽取有效影响力和突出强连通路径，EP 算法构建了新的链路预测模型，使得在复杂多样的网络拓扑情况下，仍然表现出优异的链路预测准确性，有效地克服了传统算法的不足。

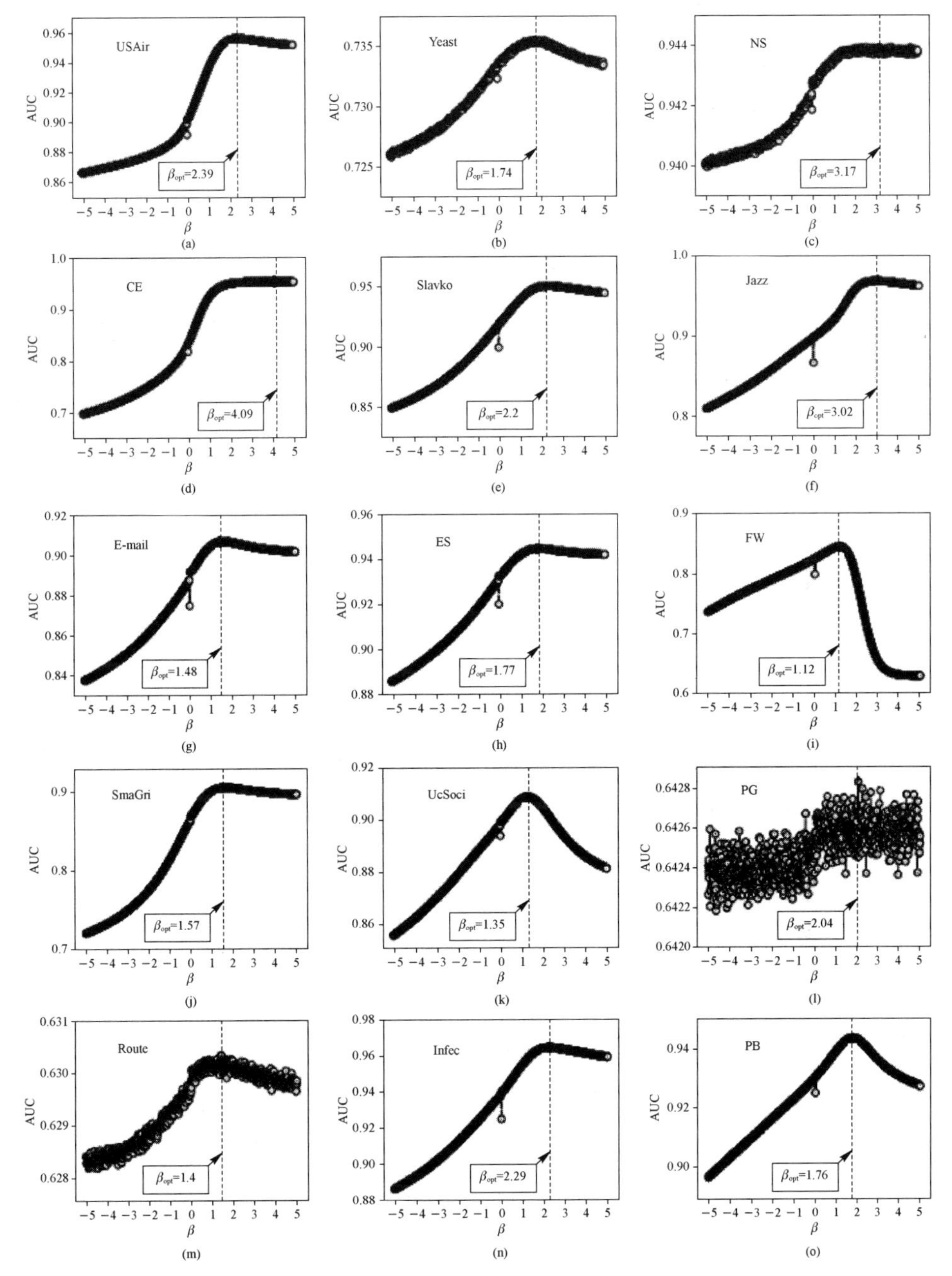

图 6-3 EP 算法在 15 个数据上根据 β 变化得到的 AUC 曲线图

表 6-2　EP 算法和 6 个经典算法的最优平均 AUC 性能比较表

网　络	CN 算法的 AUC 性能值	AA 算法的 AUC 性能值	RA 算法的 AUC 性能值	LP 算法的 AUC 性能值	FL 算法的 AUC 性能值	SRW 算法的 AUC 性能值	EP 算法的 AUC 性能值
USAir	0.937(0.008)	0.948(0.008)	0.954(0.008)	0.937(0.008)	0.929(0.011)	0.952(0.011)	**0.955(0.012)**
Yeast	0.723(0.032)	0.724(0.005)	0.723(0.006)	0.733(0.005)	0.733(0.005)	0.735(0.010)	**0.736(0.005)**
NS	0.939(0.011)	0.939(0.011)	0.939(0.012)	0.943(0.009)	0.943(0.010)	0.943(0.009)	**0.944(0.010)**
CE	0.914(0.012)	0.948(0.010)	0.953(0.010)	0.913(0.012)	0.910(0.010)	0.953(0.010)	**0.955(0.010)**
Slavko	0.941(0.010)	0.945(0.010)	0.946(0.010)	0.942(0.010)	0.942(0.010)	0.950(0.010)	**0.950(0.010)**
Jazz	0.953(0.005)	0.960(0.005)	0.970(0.005)	0.953(0.005)	0.949(0.007)	0.960(0.005)	**0.970(0.004)**
E-mail	0.844(0.007)	0.846(0.007)	0.846(0.007)	0.901(0.006)	0.901(0.007)	0.907(0.007)	**0.908(0.006)**
ES	0.910(0.004)	0.912(0.004)	0.912(0.004)	0.938(0.005)	0.938(0.005)	0.945(0.006)	**0.945(0.005)**
FW	0.613(0.006)	0.615(0.006)	0.617(0.006)	0.711(0.004)	0.642(0.006)	0.766(0.004)	**0.845(0.003)**
SmaGri	0.832(0.007)	0.842(0.008)	0.842(0.008)	0.874(0.007)	0.874(0.008)	0.902(0.009)	**0.904(0.009)**
UcSoci	0.772(0.007)	0.777(0.007)	0.778(0.007)	0.886(0.006)	0.870(0.006)	0.900(0.005)	**0.908(0.005)**
PG	0.591(0.007)	0.591(0.007)	0.591(0.007)	0.642(0.007)	0.642(0.007)	0.642(0.007)	**0.643(0.007)**
Route	0.555(0.004)	0.555(0.004)	0.555(0.004)	0.629(0.005)	0.629(0.005)	0.630(0.005)	**0.630(0.005)**
Infec	0.939(0.010)	0.942(0.010)	0.943(0.009)	0.956(0.007)	0.956(0.007)	0.964(0.006)	**0.965(0.008)**
PB	0.915(0.003)	0.918(0.003)	0.919(0.003)	0.930(0.003)	0.927(0.003)	0.941(0.003)	**0.944(0.003)**

注：数字表示平均 AUC，括号中数字表示标准差。

除此之外，算法的复杂度也是需要考虑的因素。由于 $N\times N$ 矩阵相乘的算法复杂度是 $O(N^3)$，根据算法模型，CN 算法、AA 算法、RA 算法的复杂度是 $O(N^3)$，而 LP 算法、FL 算法和 SRW 算法的复杂度为 $O(MN^3)$，这里 $M\ll N^3$。而 EP 算法的复杂度也是 $O(MN^3)$，相比之下，EP 算法在没有增加算法复杂度的基础上，明显改进了预测性能，具有较好的实用性。

6.5　本章小结

越来越多的研究者投入到了链路预测研究中，取得了丰硕的成果。其中，基于相似性链路预测算法受到了广泛关注。通过研究复杂网络的拓扑结构，发现考虑端点有效影响力和强连通路径，能准确合理地建模端点间相似性。通过抽取端点有效影响力和赋予强连通路径较大权重，可以挖掘出可能性较大的链路。由于传统算法研究的局限性，端点有效影响力和强连通性并没有得到进一步的研究，导致了较低的预测准确性。本书在传统研究的基础上，突出了两个因素的重要作用，提出了 EP 算法,并且在 15 个真实数据集上进行了验证,发现通过考虑端点有效影响力和强连通性,的确能有效增强链路预测的准确性。为了对比 EP 算法性能的改进,同时计算了 6 个传统算法的 AUC 度量。实验结果表明,EP 算法相比于传统算法有了较大的性能提升,并且在一些数据中改进幅度尤其明显。

6.6 研究思考

本章从局部路径相似性角度出发,在上一章路径连通能力的基础上,进一步考虑端点影响力的冗余性,通过抽取有效影响力,删除无效影响力,同时设置自适应惩罚因子,赋予短的由小度节点组成的路径以较大权重,突出强传递能力的路径,赋予长的由大度节点组成的路径以较小的权重,抑制弱传递能力的路径,构建端点相似性链路预测模型。读者可以从以下角度进一步思考:①本章发现以端点度作为影响力存在冗余性,通过端点间路径数直接表达端点的有效影响力,这一模型是否最优,是否存在其他表达有效影响力的模型,值得深入思考;②传统研究将端点度作为端点影响力,这一模型是否合理,是否存在其他端点影响力的表达方式,值得进一步思考;③本章将路径连通性与端点影响力组合构建端点间相似性链路预测模型,这种组合方式是否最优,是否还存在其他的组合方式,值得进一步思考。

本章参考文献

[1] Zhu X Z, Tian H, Cai S, et al. Predicting missing links via significant paths [J]. Physica A: Statistical Mechanics and Its Applications, 2014, 413 (11): 515-522.

[2] Albert R Z, Barabási A L. Statistical mechanics of complex networks[J]. Reviews of Modern Physics, 2002, 74 (1): 47-47.

[3] Dorogovtsev S N, Goltsev A V, Mendes J F F. Pseudofractal scale-free web [J]. Physical Review. E Statistical, Nonlinear, and Soft Matter Physics, 2002, 65(6): 066122.

[4] Newman M E J. The structure and function of complex networks[J]. Society for Industrial and Applied Mathematics (SIAM Review), 2003, 45(2): 167-256.

[5] Boccaletti S, Latora V, Moreno Y, et al. Complex networks: structure and dynamics[J]. Complex Systems and Complexity Science, 2007, 424 (4/5):

175-308.

[6] da Costa L F, Rodrigues F A, Travieso G, et al. Characterization of complex networks: a survey of measurements[J]. Advances in Physics, 2007, 56 (1): 167-242.

[7] Clauset A, Moore C, Newman M E J. Hierarchical structure and the prediction of missing links in networks[J]. Nature, 2008, 453 (7191): 98-101.

[8] Yin Z J, Gupta M, Weninger T, et al. Linkrec: a unified framework for link recommendation with user attributes and graph structure[C]//Proceedings of the 19th International Conference on World Wide Web. Raleigh: ACM, 2010: 1211-1212.

[9] Mamitsuka H. Mining from protein - protein interactions[J]. Wiley Interdisciplinary Reviews: Data Mining and Knowledge Discovery, 2012, 2 (5): 400-410.

[10] Cannistraci C V, Alanis-Lobato G, Timothy R. Minimum curvilinearity to enhance topological prediction of protein interactions by network embedding[J]. Bioinformatics, 2013, 29(13): 199-209.

[11] Melián C J, Bascompte J. Food web cohesion[J]. Ecology, 2004, 85 (2): 352-358.

[12] Yang Z, Zhang Z K, Zhou T. Anchoring bias in online voting[J]. EPL (Europhysics Letters), 2012, 100(6): 68002.

[13] Lü L Y, Medo M, Yeung C H, et al. Recommender systems [J]. Physics Reports, 2012, 519(1): 1-49.

[14] Qiu T, Wang T T, Zhang Z K, et al. Alleviating bias leads to accurate and personalized recommendation[J]. EPL (Europhysics Letters), 2013, 104 (4): 48007.

[15] Zhang Z K, Zhou T, Zhang Y C. Tag-aware recommender systems: a state-of-the-art survey [J]. Journal of Computer Science and Technology, 2011, 26 (5): 767-777.

[16] Liu J H, Zhang Z K, Chen L, et al. Gravity effects on information filtering and network evolving[J]. PloS One, 2014, 9 (3): e91070.

[17] Liben-Nowell D, Kleinberg J. The link-prediction problem for social networks[J]. Journal of the American Society for Information Science and Technology, 2007, 58(7): 1019-1031.

[18] Guimera R, Danon L, Diaz-Guilera A, et al. Self-similar community structure in a network of human interactions[J]. Physical Review. E Statisti-

cal,Nonlinear,and Soft Matter Physics,2003,68 (6):065103.

[19] Schifanella R,Barrat A,Cattuto C,et al. Folks in folksonomies:social link prediction from shared metadata[C]// Proceedings of the Third ACM International Conference on Web Search and Data Mining . New York: ACM,2010:271-280.

[20] Watts D J,Strogatz S H. Collective dynamics of "small-world" networks [J]. Nature,1998 (393):440-442.

[21] Yan G,Zhou T,Hu B,et al. Efficient routing on complex networks[J]. Physical Review. E Statistical,Nonlinear,and Soft Matter Physics,2006,73 (4):046108.

[22] Guimerà R,Sales-Pardo M. Missing and spurious interactions and the reconstruction of complex networks[J]. Proceedings of the National Academy of Sciences,2009,106 (52):22073-22078.

[23] Lü L Y,Zhou T. Link prediction in complex networks:a survey [J]. Physica A:Statistical Mechanics and Its Applications,2011,390(6):1150-1170.

[24] Getoor L,Diehl C P. Link mining:a survey[J] . ACM SIGKDD Explor. Newslett. ,2005,7 (2):3-12.

[25] Newman M E J. Clustering and preferential attachment in growing networks [J]. Physical Review. E Statistical,Nonlinear,and Soft Matter Physics,2001,64 (2):025102-025102.

[26] Adamic L A,Adar E. Friends and neighbors on the web[J]. Soccial Networks,2003,25(3):211-230.

[27] Zhou T,Lü L Y,Zhang Y C. Predicting missing links via local information [J]. European Physical Journal B,2009,71 (4):623-630.

[28] Sørensen T. A method of establishing groups of equal amplitude in plant sociology based on similarity of species and its application to analyses of the vegetation on Danish commons[J]. Biol. Skr. ,1948 (5):1-34.

[29] Leicht E,Holme P,Newman M E J. Vertex similarity in networks[J]. Physical Review. E Statistical,Nonlinear,and Soft Matter Physics,2006,73(2):026120.

[30] Katz L. A new status index derived from sociometric analysis[J]. Psychometrika,1953,18 (1):39-43.

[31] Lü L Y,Jin C H,Zhou T. Similarity index based on local paths for link prediction of complex networks [J]. Physical Review. E Statistical,Nonlinear,and Soft Matter Physics,2009,80 (4):046122.

[32] Papadimitriou A,Symeonidis P,Manolopoulos Y. Fast and accurate link

prediction in social networking systems[J]. Journal of Systems and Software,2012,85 (9):2119-2132.

[33] Liu W P,Lü L Y. Link prediction based on local random walk[J]. EPL (Europhysics Letters),2010,89 (5):58007.

[34] Gomez-Rodriguez M,Leskovec J,Krause A. Inferring networks of diffusion and influence [J]. Proceedings of the 16th ACM SIGKDD International Conference on Knowledge Discovery and Data Mining, 2010, 5 (4): 1019-1028.

[35] Batageli V,Mrvar A, Pajek Datasets[EB/OL]. [2018-06-07]. http://vlado. fmf. uni—lj. si/pub/networks/data.

[36] Batagelj V,Mrvar A. Pajek — a program for large network analysis [J]. Connections,1998,21 (2):47-57.

[37] Bu D B,Zhao Y,Cai L,et al. Topological structure analysis of the protein-protein interaction network in budding yeast[J]. Nucleic Acids Research, 2003,31 (9):2443-2450.

[38] Newman M E J. Finding community structure in networks using the eigenvectors of matrices [J]. Physical Review. E Statistical, Nonlinear, and Soft Matter Physics,2006,74(3):036104.

[39] Watts D J,Strogatz S H. Collective dynamics of "small-world" networks [J]. Nature,1998 (393):440-442.

[40] Blagus N,Ubelj L,Bajec M. Self-similar scaling of density in complex real-world networks [J]. Physica A:Statistical Mechanics and Its Applications, 2012,391(8):2794-2802.

[41] Gleiser P M,Danon L. Community structure in jazz [J]. Advances in Complex Systems,2003,6(4):565-573.

[42] Guimera R,Danon L,Diaz-Guilera A,et al. Self-similar community structure in a network of human interactions [J]. Physical Review. E Statistical,Nonlinear,and Soft Matter Physics,2003,68 (6):065103.

[43] van Welden D. Mapping system theory problems to the field of knowledge discovery in databases[C]// Proceedings of FUBUTEC'2004:1st Future Business Technology Conference (EUROSIS). [S. n.]: EUROSIS, 2004: 55-59.

[44] Melián C J,Bascompte J. Food web cohesion [J]. Ecology,2004,85 (2): 352-358.

[45] Hummon N P,Dereian P. Connectivity in a citation network:the develop-

ment of DNA theory [J]. Social Networks,1989,11 (1):39-63.

[46] Opsahl T,Panzarasa P. Clustering in weighted networks [J]. Social Networks,2009,31 (2):155-163.

[47] Spring N,Mahajan R,Wetherall D. Measuring ISP topologies with rocketfuel [J]. ACM SIGCOMM Computer Communication Review, 2002, 32 (4):133-145.

[48] Isella L,Stehlé J,Barrat A,et al. What's in a crowd analysis of face-to-face behavioral networks [J]. Journal of Theoretical Biology,2011,271 (1): 166-180.

[49] Lin J,Halavais A,Zhang B. The blog network in America:blogs as indicators of relationships among US cities [J]. Connections,2007,27(2):15-23.

[50] Index. php[EB/OL]. [2018-06-07]. http://wiki. gephi. org/index. php? title=Datase.

[51] Networks [EB/OL]. [2018-06-07]. http://konect. uni-koblenz. de/networks/.

[52] Link Prediction Group[EB/OL]. [2018-06-07]. http://www. linkprediction. org/index. php/link/resource/data.

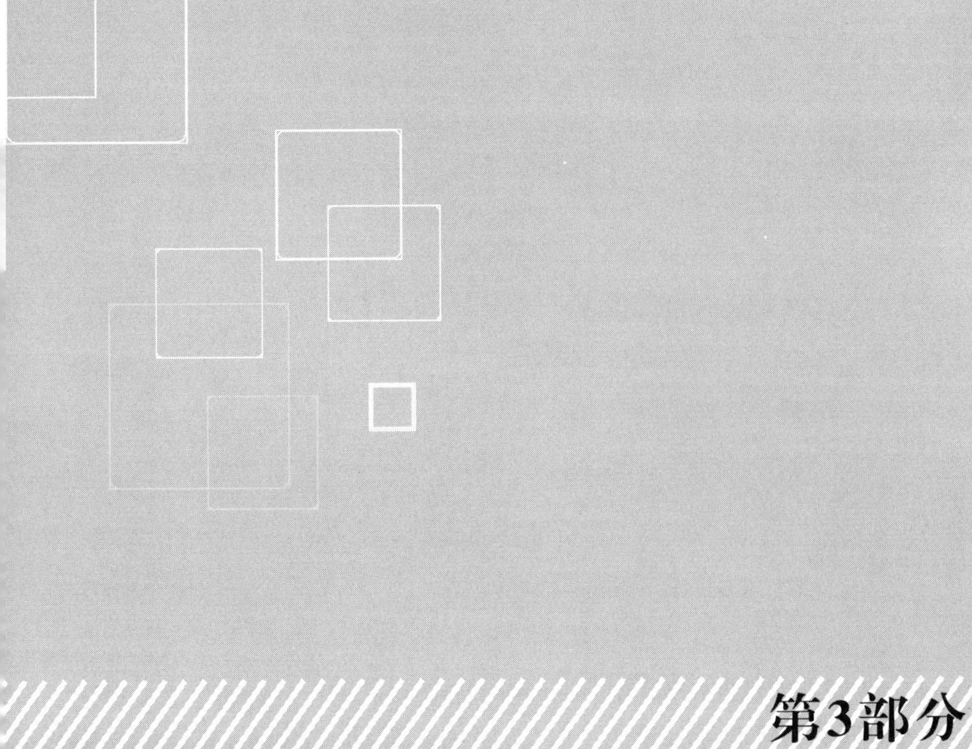

第3部分

基于链路预测的推荐算法研究

第7章　推荐模型的研究方法

海量数据呈爆发之势，成了用户与物品之间信息检索的障碍，使众多有实际需求的用户面对海量信息时，无法找到偏好物品，造成了令人尴尬的局面。为了解决这一困境，推荐系统在用户和物品之间搭起了联系的桥梁。

为了推动推荐系统的发展，提高推荐算法的有效性和实用性，本书从研究基于相似性的协作推荐入手，在复杂二部图网络上，关注基于链路预测的相似性协作推荐。由于用户购买了物品，用户和物品之间就存在一条连边，进而推荐系统被描述为一个由用户和物品组成的二部图网络。通过研究物品间拓扑路径与相似性的关系，估计物品间相似性，然后根据用户以往购买历史，利用协作推荐方法，向用户推荐新物品。

7.1　推荐模型常见研究方法

推荐技术经过多年的发展，出现了多种研究方法。

① 基于内容的推荐：根据用户过去的浏览记录来向其推荐用户没有接触过的推荐项。基于内容的推荐方法有两种：启发式的方法和基于模型的方法。

② 协作推荐算法：主要是通过预测未评分项的评分来实现的，不同的协作推荐算法之间有较大不同。其主要分为基于用户的协作推荐算法和基于物品的协作推荐算法。

③ 基于关联规则的推荐(Association Rule-based Recommendation)：以关联规则为基础，把已购商品作为规则头，规则体为推荐对象。

④ 基于效用的推荐(Utility-based Recommendation)：针对用户使用物品的效用情况进行计算，其核心问题是怎样为每一个用户创建一个效用函数。

⑤ 基于知识的推荐(Knowledge-based Recommendation)：在某种程度可以看成是一种推理(Inference)技术，利用效用知识(Functional Knowledge)解释需要和推荐的关系。

⑥ 组合推荐：由于各种推荐方法都有优缺点，所以在实际中，组合推荐(Hybrid Recommendation)经常被采用。研究和应用最多的是内容推荐和协作推荐的组合。

本书主要是在二部图的基础上，根据物质扩散理论，研究基于相似性链路预测的协作推荐算法，这是基于物品协作推荐的重要研究方向。

7.2 基于链路预测的推荐模型研究方法

推荐模型的研究基础是用户的购买历史，根据用户是否喜欢物品，构建起一个二部图网络 $G(O,U,E)$，O 表示物品节点集，U 表示用户节点集，由于用户购买喜欢的物品，则在用户和物品之间存在连边，E 表示建立的连边集。用户之间不存在连边，同样物品之间也不存在连边。基于二部图的协作推荐，目的是要根据拓扑结构，发现物品之间的相似性。设 E_i 表示第 i 个用户和其购买物品之间的连边集，$\overline{E_i}$ 表示第 i 个用户和其没有购买物品之间的连边集，则 $\overline{E}=\bigcup_{i\in U}\overline{E_i}$，记 $\overline{E}=\bigcup_{i\in U}\overline{E}_i$ 表示用户和物品间没有发生的连边集。

基于一般网络的相似性链路预测，在二部图网络中，估计物品间相似性，进而完成推荐。这需要首先解决二部图网络与一般网络的差别，采用超图和物质能量扩散方法[1]，超越节点类型的差别，使物品间相似性可以跨越用户节点进行传递，最终二部图中物品 i 与物品 j 之间的相似性 w_{ij} 估计为：

$$w_{ij}=\frac{1}{k(o_j)}\sum_{l=1}^{m}\frac{a_{il}a_{jl}}{k(u_l)} \tag{7-1}$$

w_{ij} 同时也表示购买了物品 j 再购买物品 i 的可能性；$k(o_j)$ 表示购买物品 j 的用户数；a_{il} 表示用户 l 是否购买了物品 i，如果购买则 $a_{il}=1$，否则为 0；$k(u_l)$ 表示用户 l 所购买的物品数。根据超图和物质能量扩散方法，在二部图网络中，根据物品之间的拓扑路径，相似性传递过程如图 7-1 所示。

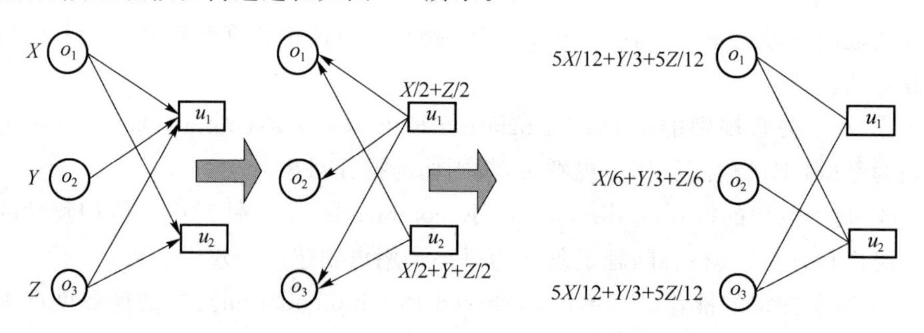

图 7-1 物质能量扩散方法示意图(箭头指示了物质能量流动的方向)

图中 X、Y 和 Z 分别是原始物品 o_1、o_2 和 o_3 的信息总量，经过能量扩散后，即相似性传递后，o_1、o_2 和 o_3 的物质能量分别变成了 $\frac{5X}{12}+\frac{Y}{3}+\frac{5Z}{12}$，$\frac{X}{6}+\frac{Y}{3}+\frac{Z}{6}$ 和 $\frac{5X}{12}+\frac{Y}{3}+\frac{5Z}{12}$。

在二部图网络中，根据物品间的拓扑路径，实现物质能量扩散，结合等式(7-1)计算得到物品间的相似性，如图 7-2 所示。

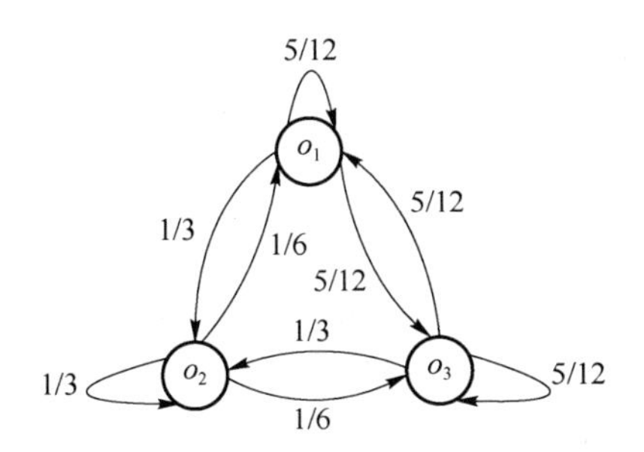

图 7-2　基于物质能量扩散得到的物品相似性关系示意图

在二部图网络中，基于链路预测技术，找到了物品间相似性后，就可以进一步研究协作推荐。

7.3　推荐技术的典型研究成果

在二部图网络中，研究推荐的方法很多，本书主要研究基于链路预测技术的协作推荐。基于二部图网络，推荐算法研究已经有了一些成果，如基于二部图网络拓扑特性的推荐算法[1]、基于概率扩散机制的推荐算法[3]、基于热扩散理论的推荐算法[5]、综合多样性和准确性的推荐算法[6]、去除网络冗余度的推荐算法[7]、考虑初始资源配置的推荐算法[8]、基于偏好扩散的推荐算法[9]。

虽然在二部图网络中基于链路预测研究相似性推荐算法，已经有了一些积累，但是仍然有很多未解决的问题需要进一步研究。

7.4　推荐技术的研究数据介绍

研究推荐技术，需要基于真实的用户购买历史数据，来验证算法的可靠性和有效性。在推荐研究中，使用的用户购买历史数据如下。

① 电影租赁网站 Movielens 提供的用户租赁影片数据[2]。

② 家庭视频租赁网站 Netflix 提供的用户租赁数据[3]。

③ 在线购物网站 Amazon 提供的用户购买商品数据[4]。

④ 在线音乐网站 Rate Your Music(RYM)提供的数据[3]。

研究中使用的数据包括用户、物品以及用户对物品的打分。用户对物品的打分体现了用户对物品的喜好程度,但是在原始数据中,并不是所有记录都可用,打分过低的记录是无效的,这表示用户并不喜欢该物品。因此,在实验前需要先对数据进行处理。实验中使用的数据有两种打分机制,分别为满分 5 分制(包括 Movielens、Netflix、Amazon)和 10 分制(包括 Rate Your Music)。对于 5 分制的数据,小于 3 分的记录被认为是无效的,将被删除,而对于 10 分制数据,小于 5 分的记录将被删除。

7.5 推荐实验方法

7.5.1 数据集划分方法

按照打分机制去除无效数据后,需要将数据划分为训练集和测试集,进而验证算法性能[12]:首先将连边集 E 中的 90%划分为训练集 E^{T},将剩余的 10%划分为测试集 $E^{\mathrm{P}}=\bigcup_{i\in U}E_i^{\mathrm{P}}$,如果与用户 i 相连的边落在测试集中,则这些边构成集合 E_i^{P},如果在测试集中出现了孤立节点(即在测试集中有,在训练集中没有的点),则需要将包含这个孤立节点的边放回到训练集中;其次按照 90%和 10%的比例,独立随机划分 10 次;最后在划分的训练集和测试集中计算推荐算法的性能,将 10 次性能值取平均,得到最终的平均性能值。

7.5.2 推荐算法的度量指标

为了判断算法的有效性,需要给出度量算法性能的指标,推荐系统算法关注三方面的性能[12]:首先是准确性,包括推荐排名值(Ranking Score)、算法整体准确度(AUC)、推荐命中率(Precision)、回调率(Recall);其次是多样性,包括推荐列表的内部相似性(Intra-similarity)、不同用户推荐列表之间的汉明距离(Hamming Distance);最后是个性化,包括新奇性(Novelty)。下边分别予以介绍。

1. Ranking Score(简记为$\langle r\rangle$)[11]

根据物品购买可能性,推荐算法按降序给每个用户提供一个推荐列表。对任意一个用户 u_i,如果其购买 o_j 的关系 u_i-o_j 存在于测试集 E^{P} 中,那么 o_j 被称为 u_i 的命中物品,接着在用户 u_i 推荐列表中,计算 o_j 的位置序号,并将序号除以推荐列表长度,进而得到其排名分数。在得到所有命中物品的排名分数后,计算平均值,就得到了算法的推荐排名数值。推荐排名数值越小,说明算法将命中物品排名靠前的能力越强，算法性能越好。

2. AUC[11]

推荐算法必须能有效区分相关物品（用户偏好物品）与不相关物品（用户不偏好物品），AUC 指标可以用来衡量算法的区分能力，计算方法如下。

对于任意用户 u_i，通过推荐算法，E_i^{P} 和$\overline{E_i}$中的连边都会得到可能性值，在此基础上，随机从 E_i^{P} 和$\overline{E_i}$中各抽取一条边，如果前者边出现的可能性值高于后者边，则累计 1 分，若两者相等累计 0.5 分，否则不计分。为了可靠测试算法的准确性，需要抽取 n 次（不小于 100 万次）。如果在 n 次抽取中，有 n'次累计 1 分，n''次累计 0.5 分，则区分用户 u_i 相关物品能力的度量 AUC 为：

$$\mathrm{AUC}_i = \frac{n' + 0.5n''}{n} \tag{7-2}$$

当得到每个用户的 AUC 度量之后，算法整体的 AUC 度量为：

$$\mathrm{AUC} = \frac{1}{|U|}\sum_{i \in U}\mathrm{AUC}_i \tag{7-3}$$

等式(7-3)中$|U|$表示用户集合 U 的用户总数。

3. Precision(P)[11]

Precision 是衡量推荐算法准确性的另一个指标，用来在给定长度的推荐列表中表示用户喜欢物品的比例。通过平均所有用户的 Precision 值，可以得到整个算法的平均 Precision 性能，计算方法如下。

对于任意用户 u_i，根据算法，按照出现的可能性值，将 E_i^{P} 和$\overline{E_i}$中所有连边从大到小排序，将前 L 个物品推荐给用户，如果在前 L 个物品连边中有 $R(L)_i$ 条连边属于 E_i^{P}，则对于用户 u_i，算法的 Precision 度量 $P(L)_i$ 为：

$$P(L)_i = \frac{R(L)_i}{L} \tag{7-4}$$

平均所有用户的 $P(L)_i$，可得到整个算法的 Precision 度量为：

$$\mathrm{Precision} = \frac{1}{|U|}\sum_{i \in U}P(L)_i \tag{7-5}$$

4. Recall[11]

在推荐列表的前 L 个物品中，考虑与一个用户相关的物品比例，定义 Recall 度量如下：

$$\mathrm{Recall} = \frac{l}{|E^{\mathrm{P}}|} \tag{7-6}$$

l 表示在测试集 E^{P} 中命中的连边数，$|E^{\mathrm{P}}|$表示测试集中边的数目。

5. Intra-similarity(I)[11]

优秀的算法要能够给用户推荐多样性的物品，否则用户就会收到同一主题的多个类似物品。对于任意目标用户 u_l，若其推荐物品列表为$\{o_1, o_2, \cdots, o_L\}$，则其中

两个物品 o_i 和 o_j 的相似性为：

$$s_{ij}^{o} = \frac{1}{\sqrt{k(o_i)k(o_j)}} \sum_{l=1}^{m} a_{il} a_{jl} \tag{7-7}$$

$k(o_i)$表示物品 o_i 的度，对于用户 u_l 的推荐列表，其内部相似性为：

$$I_l = \frac{1}{L(L-1)} \sum_{i \neq j} s_{ij}^{o} \tag{7-8}$$

则对于整个算法的推荐列表，其内部相似性为：

$$I = \frac{1}{|U|} \sum_{l \in U} I_l \tag{7-9}$$

6. Hamming Distance(H)[11]

另一个衡量推荐多样性的指标是 Hamming Distance，表示不同用户推荐列表之间的差异性，汉明距离越大，表征根据不同用户的需求，算法具有的多样性推荐能力越强，定义如下。

当推荐列表长度为 L 时，在用户 u_i 和 u_j 的推荐列表中，重复物品数为 Q，则这两个推荐列表之间的汉明距离是：

$$H_{ij} = 1 - \frac{Q}{L} \tag{7-10}$$

进一步将所有用户间的汉明距离进行平均，可以得到算法整体的汉明距离：

$$H = \frac{1}{|U|(|U|-1)} \sum_{i \neq j} H_{ij} \tag{7-11}$$

对于算法而言，汉明距离越大，多样性推荐能力越强，则越能给不同用户推荐差异化的物品列表。

7. Novelty($\langle k \rangle$)[11]

个性化推荐是推荐算法的重要特征，要求被推荐的物品应符合用户的个性化喜好，即具有较低的流行性。本章参考文献[12]定义了个性化指标 Novelty，用被推荐物品的平均度$\langle k \rangle$表示，假设 o_{ij} 表示推荐用户 u_i 的第 j 个物品，L 表示推荐列表长度，定义 Novelty 如下：

$$\langle k \rangle = \frac{1}{|U| L} \sum_{i=1}^{|U|} \sum_{j=1}^{L} k(o_{ij}) \tag{7-12}$$

7.6 推荐算法重要代码讲解

推荐算法的建模主要围绕矩阵运算，所以实验代码都是基于 Matlab 实现的，对于二部图上的推荐算法建模，主要讲解数据划分代码和关键指标代码。

对于推荐数据的处理需要三步：首先，需要删除评分低于阈值的打分记录，例如，Movielens、Neflix 和 Amazon 的最高值是 5 分，大于等于 3 分的记录认为用户喜欢物品，否则认为用户不喜欢物品，对于 RYM，打分最高值是 10 分，大于等于 5 分认为用户喜欢物品，否则认为用户不喜欢物品；其次，删除无效评分，物品和用户的 ID 会变得不连续，因此需要对物品和用户 ID 重编号；最后，根据每个物品所选择的用户记录数，其中 90%放入训练集，10%放入测试集，按照同样方式划分 10 次，就完成了数据处理。

推荐算法的关键性能涉及推荐准确性的 3 个指标、多样性的 2 个指标和个性化的 1 个指标，一共 6 个指标。

7.6.1 数据集划分代码讲解

(1) 首先，加载原始打分记录

```
original_data = load(file,'-ascii');   %打分记录格式:用户   物品   打分
```

(2) 其次，删除无效打分记录

```
threshold = 3;   %设置打分阈值,例如 3 分
removed_data = original_data(original_data(:,3)>= threshold,:);
%只保留打分大于阈值的记录
removed_data = removed_data(:,[2,1]); %交换用户和物品的列顺序,变为:
物品 用户 打分
```

(3) 再次，分别对物品和用户从 1 开始重编号

```
for col = 1:2 %轮流对物品列和用户列重编号
    column_values = removed_data(:,col);
    unique_elems = unique(column_values);
    unique_elems = sort(unique_elems);
    objects_remaining_len = length(unique_elems);
    for index = 1:objects_remaining_len
        column_values(column_values == unique_elems(index)) = index;
    end
    removed_data(:,col) = column_values;
end
```

(4) 最后，实现 10 次数据划分

```
for divide_times = 1:10
    mkdir(dir_name,num2str(divide_times)); %生成有序目录
    data = delete_repetition(removed_data); %检查重排序后是否有重复
记录,若有则删除重复记录
    divide_data(data,[dir_name,num2str(divide_times)]); %划分数
```

据集

```
end
```

这里分别介绍记录去重代码和数据集划分代码。

(1) 首先,介绍记录去重代码

```
function [ unary_data ] = delete_repeatation(original_data)
%DELETE_REPEATATION Summary of this function goes here
%   Detailed explanation goes here
    unary_data = [];
    unique_nodes = unique(original_data(:,1)); %在物品列中找到唯一编号集合
    for index = 1:length(unique_nodes)
        item_sublist = original_data(original_data(:,1) = = unique_nodes(index),:);
        while item_sublist
            first_entry = item_sublist(1,:);
            unary_data = [unary_data; first_entry];
            item_sublist(1,:) = [];
            same_indices = (item_sublist(:,2) = = first_entry(2));
            item_sublist(same_indices,:) = [];
            reverse_item_sublist = (original_data(:,1) = = first_entry(2));
            reverse_item_sublist = reverse_item_sublist&(original_data(:,1) = = first_entry(1));
            if reverse_item_sublist
                disp('存在有向重边。');
            end
            original_data(reverse_item_sublist,:) = [];
        end
    end
end
```

(2) 其次,介绍数据集划分代码

```
function divide_data(original_data,dir_name)
%DIVIDE_DATA Summary of this function goes here
%   Detailed explanation goes here
    [rows cols] = size(original_data); %request original data has the
```

```
form:[item,user]
        % based on division of people
        people_column = original_data(:,2);
        unique_elems = unique(people_column); % [item,user]
        test = [];
        train = [];
        for index = 1:length(unique_elems)
            sublist = original_data(people_column = = unique_elems(in-
dex),:); % find the list of people index
            [sub_list_len sub_cols] = size(sublist);
            a = randperm(sub_list_len);
            sample_indices = a(1:floor(sub_list_len/2));
            % 得到测试集中用户的记录
            test = [test; sublist(sample_indices,:)];
            % 得到训练集记录
            sublist(sample_indices,:) = [];
            train = [train; sublist];
        end
        % 处理物品列,检查是否有孤立点
        column_elements = (ismember(test(:,1),unique(train(:,1))) = = 0);
        if(ismember(test(:,1),unique(train(:,1))) = = 0)
            disp('object 有孤立点!');
        end
        train = [train;test(column_elements,:)]; % 那些链接孤立节点的边
被回填到了训练集里
        test(column_elements,:) = [];

        % 处理用户列,检查是否有孤立点
        column_elements = (ismember(test(:,2),unique(train(:,2))) = = 0);
        if(ismember(test(:,1),unique(train(:,1))) = = 0)
            disp('user 有孤立点!');
        end
        train = [train;test(column_elements,:)]; % 那些链接孤立节点的边
被回填到了训练集里
        test(column_elements,:) = [];
```

```
    save([dir_name,'/testing.txt'],'test','-ascii'); %保存测试集
    save([dir_name,'/training.txt'],'train','-ascii'); %保存训练集
    clear
end
```

7.6.2 推荐算法关键指标代码讲解

1. 计算平均排分、准确率和回调率

[ranking_score,precision,hit,rank_r] = metrics(L,recommend_matrix,test_set,flag_value);

① 参数:L 是推荐列表长度,recommend_matrix 是推荐相似性矩阵,test_set 是测试集,flag_value 是标志值,用来标识不存在的连边,一般取−1,这样它们的排分总是在列表后边。

② 输出:ranking_score 是平均排分,precision 是准确率,hit 是回调率,rank_r 是排分顺序(从小到大)。

函数实现如下:

```
function [ ranking_score,precision,hit,rank_r ] = metrics(L,recommend_matrix,test_set,flag_value)
%METRICS Summary of this function goes here
%   Detailed explanation goes here
[objects,users] = size(recommend_matrix);
temp_array = zeros(1,users);
ranking_score = 0;
[rows,cols] = size(test_set);
[Y,I] = sort(recommend_matrix,'descend');
temp = [];
disp(['L:' num2str(L)',rows:' num2str(rows)]);
Y_temp = recommend_matrix;
temp = 0:objects:(users - 1) * objects;
temp = repmat(temp,objects,1);
temp = temp + I;
temp = temp(L + 1:end,:);
Y_temp(temp) = flag_value;
temp = Y_temp;
clear Y_temp
```

```
    rank_r = [];
    for index = 1:rows
        I_col = I(:,test_set(index,2));
        positions = Y(:,test_set(index,2))> flag_value;
        valid_values = I_col(positions);
        weizhi = find(valid_values = = test_set(index,1));
        Rij = weizhi/length(valid_values);
        rank_r = [rank_r,  Rij];
        if isempty(weizhi)
            disp(['user:' num2str(test_set(index,2))',item:' num2str(test
_set(index,1))',weizhi:' num2str(weizhi)',Rij:' num2str(Rij)]);
        end

        ranking_score = ranking_score + Rij;
        if(temp(test_set(index,1),test_set(index,2))> flag_value)
            temp_array(test_set(index,2)) =   temp_array(test_set(index,
2)) + 1;
        end
        clear valid_values positions I_col;
    end

    rank_r = sort(rank_r); % 得到排分顺序
    clear temp I Y;
    ranking_score = ranking_score/rows; % 计算平均排分

    precision = sum(temp_array)/(L * users); % 计算准确率
    hit = sum(temp_array)/(rows); % 计算回调率
    clear temp_array
    end
```

2. 计算汉明距离、内部相似性和流行平均度

[H_d inter_simi pop] = othermetrics(L,recommend_matrix,A_matrix)

① 参数:L 是推荐列表长度,recommend_matrix 是相似性矩阵,A_matrix 是物品用户邻居矩阵。

② 输出:H_d 是汉明距离,inter_simi 是内部相似性,pop 是流行平均度。

函数实现如下:

```
function [ H_d inter_simi pop ] = othermetricsnew(L,recommend_matrix,A_matrix)
    % OTHER_METRICS Summary of this function goes here
    %   Detailed explanation goes here
    % 首先计算汉明距离
    [objects,users] = size(recommend_matrix);
    % 推荐分数排序,求出前 L
    [Y,I] = sort(recommend_matrix,'descend');
    % 得到给每个用户推荐的前 L 个对象
    recommend_objs = I;
    clear Y I
    recommend_objs(L + 1:end,:) = [];

    % 计算内部相似性
    degree_vector = sum(A_matrix,2);
    % 计算对象的相似矩阵
    degree_vectorT = degree_vector';
    degreeOIJ = sqrt(repmat(degree_vector,1,objects). * repmat(degree_vectorT,objects,1));
    CN = A_matrix * A_matrix';
    sim_matrix = CN. /degreeOIJ;

    H_d = 0;
    inter_simi = 0;
    pop = 0;

    Htemp = reshape(recommend_objs,1,L * users);
    Htemp1 = unique(Htemp);
    LENTH = zeros(1,length(Htemp1));
    for i = 1:length(Htemp1)
      LENTH(i) = length(find(Htemp = = Htemp1(i)));
      LENTH(i) = LENTH(i) * (LENTH(i) - 1);
    end
    H_d = sum(LENTH);
    H_d = 1 - H_d/(L * users * (users - 1)); % 计算汉明距离
```

```
    %完成求出前L个物品的操作
    for index = 1:users
      for index4 = 1:L - 1
          inter_simi = inter_simi + sum(sim_matrix(recommend_objs(in-
dex4,index),recommend_objs(index4 + 1:L,index)));
      end
    end

    pop = sum(sum(degree_vector(recommend_objs)));

    inter_simi = inter_simi/(users * L * (L - 1));
    inter_simi = inter_simi * 2; %计算内部相似性
    pop = pop/(users * L); %计算流行平均度
    clear recommend_objs degree_vector sim_matrix
end
```

7.7　基于二部图推荐算法的研究思路

基于二部图推荐研究,着重考虑统计物理学中动力学原理,同时借鉴相似性链路预测的思想,研究两个物品之间的拓扑相似性,关注物品端点的物质能量、流行性、传播路径的影响等,据此构建新的二部图推荐算法模型,具体思路如下。

① 可以基于热传导理论:

- 考虑物品流行度进行研究;
- 考虑用户品味特征进行研究;
- 其他因素。

② 可以基于物质扩散理论:

- 考虑已购买物品和未购买物品的流行度;
- 考虑高阶冗余相似度;
- 考虑过度扩散导致的冗余流行度;
- 考虑双向物质扩散的一致相似性;
- 考虑在一致相似性下删除高阶冗余;
- 考虑在一致相似性下抑制过度扩散导致的无效流行性;
- 考虑其他因素。

③ 可以基于热传导和物质扩散的混合推荐。

7.8 本章小结

本章给出了目前主流的推荐算法，并指明了本书所研究的推荐算法的归类，以及与主流推荐算法的关系。本书主要介绍了复杂二部图上的推荐研究方法，进一步参考相似性链路预测，介绍了基于物质扩散理论推荐算法的典型成果、实验数据和实验方法。为了便于研究者快速入门，本章还对实验的关键代码进行了讲解，包括数据集划分和推荐算法关键指标的实现代码。本书为读者进行深入研究打下坚实基础，同时引出了研究的指导性思路。

本章参考文献

[1] Zhou T, Ren J, Medo M, et al. Bipartite network projection and personal recommendation [J]. Physical Review. E Statistical, Nonlinear, and Soft Matter Physics, 2007, 76 (4): 046115.

[2] Social Computing Research at the University of Minnesota [EB/OL]. [2018-06-07]. http://www.grouplens.org/.

[3] Networks [EB/OL]. [2018-06-07]. http://konect.uni-koblenz.de/networks/.

[4] Amazon [EB/OL]. [2018-06-07]. http://www.amazon.com/.

[5] Zhang Y C, Medo M, Ren J, et al. Recommendation model based on opinion diffusion[J]. EPL, 2007, 80 (6): 68003.

[6] Zhang Y C, Blattner M, Yu Y K. Heat conduction process on community networks as a recommendation model[J]. Physical Review Letters, 2007, 99 (15): 154301.

[7] Zhou T, Kuscsik Z, Liu J G, et al. Solving the apparent diversity-accuracy dilemma of recommender systems[J]. Proceedings of the National Academy of Sciences (USA), 2010, 107 (10): 4511-4515.

[8] Zhou T, Su R Q, Liu R R, et al. Accurate and diverse recommendations via eliminating redundant correlations [J]. New Journal of Physics, 2009, 11 (12): 123008.

[9] Zhou T, Jiang L L, Su R Q, et al. Effect of initial configuration on network-based recommendation [J]. EPL (Europhysics Letters), 2008, 81 (5): 58004-58007.

[10] Lü L Y,Liu W. Information filtering via preferential diffusion[J]. Physical Review. E Statistical, Nonlinear, and Soft Matter Physics, 2011, 83 (6):066119.

[11] Lü L Y,Medo M,Yeung C H,et al. Recommender systems [J]. Physics Reports,2012, 519(1):1-49.

第 8 章　基于修正相似性的协作推荐算法

在复杂网络中，链路预测算法广泛用于研究潜在链路。在复杂网络上的链路预测研究中，有一种特殊的相似性链路预测被称为二部图网络上的推荐研究。基于用户物品二部图的路径拓扑结构，通过链路预测算法，计算物品间相似性，并基于协作推荐技术，向用户推荐与以往购买物品最相似的物品，称这种算法为基于链路预测的个性化协作推荐算法。

个性化推荐算法已广泛应用于众多领域，尤其是电子商务等信息化交易平台。虽然，推荐算法的研究已经有了丰硕的成果，但是，推荐性能仍然有待提高。除了基于链路预测的相似性协作推荐算法之外，还有基于内容的、知识的和其他类型的推荐算法。但是，相比之下，基于链路预测的相似性协作推荐算法，以其低复杂度、高准确性和强适应性获得了更多的关注。虽然，传统基于相似性的算法获得了成功，但是，由于传统单向相似性估计的缺陷，导致了相似性的高估和低估问题。本书通过对前向和后向的双向相似性估计，纠正传统相似性估计的缺陷，进而基于链路预测，提出新的相似性推荐算法，即修正相似性推荐(Corrected Similarity based Inference，CSI)算法。经过 4 个真实数据集上的实验，结果表明，CSI 算法的确修正了相似性高估和低估问题，并且相比于传统算法，性能得到了明显提升。

8.1　研究背景

随着 Internet[1,2]、万维网[3,4]和智能终端[5,6]的广泛应用，信息数据快速膨胀，并且人们的生活也随之发生了显著变化[7]。渐渐地，人们开始习惯于从网络上获取信息，例如，在网上浏览新闻，在视频网站观看电影，在网上商店购物。随着信息总量不断积累，出现了数以百万计的电影、歌曲、书籍和新闻等，人们的信息检索能力受到了挑战。由于人力检索的限制，使得在极其丰富的数据中，用户无法寻找到自己需要的信息。究其根源，不是信息不存在，而是用户缺乏检索信息的有效手段。这种情况导致了尴尬的局面，一方面堆积如山的物品无人问津，另一方面多样性的用户需求却无法得到满足，出现了所谓的长尾效应[8]。面对如此困境，个性化推荐技术[9]表现出了优异的检索性能，打破了信息沟通不畅的尴尬局面。基于用户的购买历史信息，推荐系统向用户推荐符合用户偏好的物品。例如，使用用户购买图书的历史数据，亚马逊（Amazon. com）网站向用户推荐新图书[10]；根据用户的阅读历史，新闻网站（AdaptiveInfo. com）发现用户的偏好，向用户推荐感兴趣的新闻[11]；根据用户浏览模式和评分，视频网站（TiVo）向用户推荐感兴趣的视频节目[12]。

在经济和社会[13,14]应用的重大意义下，众多领域都开展了推荐系统的研究[15,16]。丰硕的个性化推荐研究成果[17]被提出，并应用到了真实生活中，如基于内容分析的推荐算法[18,19]、基于知识分析的推荐算法[20]、基于上下文分析的推荐算法[21]、基于时间感知的推荐算法[22,23]、基于标签分析的推荐算法[24,25]、基于社交分析的推荐算法[26,27]、基于限制分析的推荐算法[28]、基于频谱分析的推荐算法[29]、基于迭代改进的推荐算法[30]、基于主成分分析的推荐算法[31]等。除此之外，由于表现出较好的简便性和有效性，一些基于相似性的推荐算法已被广泛应用于个性化推荐中。在这些算法中，具有代表性的有协作推荐算法[32]、基于网络的推荐算法[33,34,35]、基于扩散理论的推荐算法[36,37,38,39]和基于混合扩散的推荐算法[40,41]。

研究基于相似性的推荐算法，关键是研究物品或者用户之间的相似性，然后借助协作推荐技术完成建模。在相似性研究中，以往较多地使用 pearson[31]、余弦相似性[31]算法，但是这两种算法过于简单，准确性较低。研究者们提出了基于网络拓扑结构的相似性，即将推荐系统建模为二部图网络，并利用链路预测算法，研究两个物品间的相似性。

分析第 4 章到第 6 章的研究及其他经典链路预测算法，可以发现一个重要结论：在一般网络上，资源扩散方法可以有效地建模链路预测算法，进而在二部图网络上，其也可用来辅助研究物品间相似性。本章参考文献[33]的研究，基于超图跨越节点属性的差别，研究资源在二部图网络上的扩散过程，可以估计物品间相似性，最终基于协作技术完成推荐。

8.2　问题描述

基于相似性的协作推荐算法，尤其是基于链路预测的相似性协作推荐算法，由于其简便高效，已广泛应用于众多的推荐系统[16]。但是，相似性假设的缺陷导致了相似性的高估和低估问题。传统相似性假设认为，如果两个物品同时被一个用户购买，那么，这两个物品就具有相似性，并且若同时购买这两个物品的用户越多，则两个物品越相似。但这个假设存在问题，例如有 A、B、C 3 个物品，一些用户共同购买了 A 和 B，而另外一些用户共同购买了 B 和 C，如果这些用户一样多，按照假设，A 和 B 的相似性应该与 C 和 B 的一样，但实际上，它们的相似性可能不同，因为在购买 A 的用户中，购买 B 的用户所占的比例，很有可能与在购买 C 的用户中，购买 B 的用户所占的比例不同，这意味着，B 和 A 的相似性可能与 B 和 C 的相似性是不同的，这就出现了相似性的高估或低估问题。如图 8-1 所示，其描述了一个相似性高估或低估的例子，图 8-1(a)是一个推荐系统的二部图模型，物品 o_1 和 o_2 仅仅被用户 u_2 同时购买，物品 o_1 和 o_3 也仅仅被用户 u_2 同时购买。按照传统相似性估计，o_2 和 o_1 的相似性应该与 o_3 和 o_1 的相似性相同，即如果 o_2 和 o_1 的相似性与 o_3 和 o_1 的相似性是完全一样的，那么 o_1 和 o_2 的相似性与 o_1 和 o_3 的相似性也应该是完全一样的。但事实上并非如此，在所有购买 o_2 的 5 个用户中仅有 1 个用户同时购买了 o_1，而对于购买 o_3 的 2 个用户中只有 1 个同时购买了 o_1，因此，o_1 只占 o_2 总相似性的 1/5，而占 o_3 总相似性的 1/2，从统计角度看，将一个物品与其他物品的总相似性设为 1，则 o_1 和 o_2 的相似性与 o_1 和 o_3 的相似性是不同的。这意味着，o_1 和 o_2 之间的相似性被高估了，或 o_1 和 o_3 之间的相似性被低估了。不仅如此，这也验证了传统相似性假设的不足。这个问题的根源就在于，相似性估计不能只关注一个方向，同时应考虑反向相似性，如同时考虑 o_1 到 o_2 和 o_2 到 o_1 的相似性。基于以上问题描述，本书提出了一个新的改进算法，同时考虑前向和后向相似性，命名为基于修正相似性的推荐算法[42]。

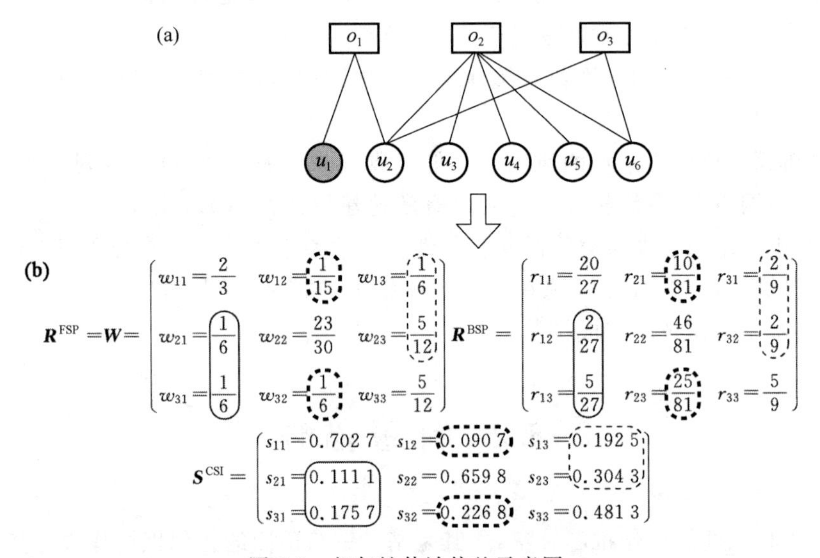

图 8-1 相似性估计偏差示意图

8.3 基于修正相似性的推荐算法 CSI

用户和物品构成了推荐系统，并且若用户购买物品，则它们之间就存在联系。

推荐系统中的所有物品组成了物品集合 $O=\{o_1,o_2,\cdots,o_n\}$，所有用户组成了用户集合 $U=\{u_1,u_2,\cdots,u_m\}$，用户和物品之间的购买关系构成了连边集 E。并且根据用户和物品之间的购买关系，推荐系统可以进一步描述为一个 $n\times m$ 的邻接矩阵 $\boldsymbol{A}=\{a_{ij}\}$，其中如果用户 u_j 购买了 o_i，则 $a_{ij}=1$，否则 $a_{ij}=0$。基于以上，推荐系统可以描述为一个二部图网络 $G(O,U,E)$。本书将在二部图网络 $G(O,U,E)$ 的基础上，对基于修正相似性的推荐算法建模。

8.3.1 基于二部图网络的经典相似性算法

首先，引入基于二部图网络的经典相似性推荐算法，并将其作为研究基础。本章参考文献[33]提出的基于二部图网络的推荐(Network-Based Inference，NBI)算法，利用链路预测中的物质能量扩散方法，基于二部图网络，研究了物品之间的相似性，则对于物品 o_i 和 o_j，相似性定义为：

$$w_{ij}=\frac{1}{k(o_j)}\sum_{l=1}^{m}\frac{a_{il}a_{jl}}{k(u_l)} \tag{8-1}$$

在等式(8-1)中，w_{ij} 表示物品 o_i 和 o_j 之间的相似性权值，意味着当一个用户购买了 o_j 的情况下，会有多大可能购买 o_i。进一步，当获得了物品间相似性关系矩阵 $\boldsymbol{W}=\{w_{ij}\}_{n\times n}$ 和用户 u_l 的购买历史向量 $\boldsymbol{f}_l=\{f_{il}\}_{n\times l}$（当用户 u_l 购买了 o_i 时 $f_{il}=1$，否则 $f_{il}=0$）之后，则可以计算出对用户 u_l 的推荐物品列表 $\boldsymbol{f}'_l=\boldsymbol{W}\boldsymbol{f}_l$。以图 8-1 为例，在图 8-1(a)中，二部图 $G(O,U,E)$ 包含物品集 $O=\{o_1,o_2,o_3\}$、用户集 $U=\{u_1,u_2,u_3,u_4,u_5,u_6\}$ 和所有连边关系集 E。根据等式(8-1)，计算所有物品之间的相似性关系矩阵 $\boldsymbol{W}=\{w_{ij}\}_{n\times n}$，如图 8-1(b)所示，简称 $\boldsymbol{W}=\boldsymbol{R}^{\mathrm{FSP}}$ 为前向相似性关系矩阵。推荐算法只推荐用户尚未选择的物品，因此通过画圈的方式来差别化突出尚未购买物品与已购买物品之间的相似性。NBI 算法是基于相似性的推荐算法，因此存在相似性估计偏差的问题，例如，对于实线圈中的 w_{21} 和 w_{31}，尽管从反向看，o_1 和 o_2 的相似性与 o_1 和 o_3 的相似性不同，但 w_{21} 和 w_{31} 显示的相似性却相同。因此，根据 w_{21} 和 w_{31}，无法做出向用户 u_1 推荐 o_2 还是 o_3 的决策，而通过后向推荐关系修正物品间相似性，可以解决这个困境。

8.3.2 相似性修正模型 CSI

数据稀疏性和非对称估计造成了相似性高估或低估的缺陷。在传统相似性估计中，仅仅考虑单向相似性，如在图 8-1(b)中通过 w_{21} 计算从 o_1 推荐 o_2 的相似性。而实际上，当且仅当前向相似性比例和后向相似性比例一致时，两个物品才被认为是相似的，而且双向相似性越一致，两个物品越相似。因此，本书给出了前向相似性比例和后向相似性比例的定义。

定义 8-1 给定二部图网络 $G(O,U,E)$，相似性权值矩阵 $\boldsymbol{W}=\{w_{ij}\}_{n\times n}$ 表示 o_i

和o_j之间的相似性，则对于前向相似性比例矩阵$\boldsymbol{R}^{\mathrm{FSP}}$，其元素$r_{ij}^{\mathrm{FSP}}$通过$w_{ij}$和$\sum_{i=1}^{n} w_{ij}=1$定义如下：

$$r_{ij}^{\mathrm{FSP}}=\frac{w_{ij}}{\sum_{i=1}^{n} w_{ij}}=r_{ij} \tag{8-2}$$

同样地，对于后向相似性比例矩阵$\boldsymbol{R}^{\mathrm{BSP}}$，其元素$r_{ji}^{\mathrm{BSP}}$定义如下：

$$r_{ji}^{\mathrm{RSP}}=\frac{w_{ji}}{\sum_{j=1}^{n} w_{ji}}=r_{ji} \tag{8-3}$$

在等式(8-3)中，r_{ji}^{BSP}简记为r_{ji}。

定义 8-2 基于相似性比例矩阵$\boldsymbol{R}^{\mathrm{FSP}}=\{r_{ij}^{\mathrm{FSP}}\}_{n\times n}$和$\boldsymbol{R}^{\mathrm{BSP}}=\{r_{ji}^{\mathrm{BSP}}\}_{n\times n}$，修正相似性矩阵$\boldsymbol{S}^{\mathrm{CSI}}$的元素$s_{ij}^{\mathrm{CSI}}$计算如下：

$$s_{ij}^{\mathrm{CSI}}=\sqrt{r_{ij}^{\mathrm{FSP}}\times r_{ji}^{\mathrm{BSP}}} \tag{8-4}$$

基于等式(8-4)，得到了修正相似性s_{ij}^{CSI}，并且s_{ij}^{CSI}越大，物品o_i和o_j就越相似。

在获得修正相似性关系矩阵$\boldsymbol{S}^{\mathrm{CSI}}$之后，根据用户以往购买历史向量$\boldsymbol{f}_l=\{f_{il}\}_{n\times 1}$(当用户$u_l$购买了$o_i$时$f_{il}=1$，否则$f_{il}=0$)，可以计算出对用户$u_l$的推荐物品列表$\boldsymbol{f}_l'=\boldsymbol{S}^{\mathrm{CSI}}\boldsymbol{f}_l$。图 8-1(b)展示了根据公式(8-2)和公式(8-3)计算的$\boldsymbol{R}^{\mathrm{FSP}}$和$\boldsymbol{R}^{\mathrm{BSP}}$矩阵。可以看出，在实线圈中，经过$r_{12}$和$r_{13}$的修正，原本有偏差的相似性估计$w_{21}$和$w_{31}$变为$s_{21}$和$s_{31}$，而且在$s_{21}$和$s_{31}$中已经体现出，相比于$o_1$和$o_2$的相似性，$o_1$和$o_3$的相似性较大。同时，其他圈中的相似性值都保持了已有的差异性，例如，虚线圈中的s_{13}和s_{23}保持了w_{13}和w_{23}的差异性。

8.3.3 对比算法

为了展示 CSI 算法的性能优势，本章列出了 4 个经典的对比算法：推荐流行物品(Global Ranking Method，GRM)算法、协作过滤(Cooperative Filtering，CF)算法、基于二部图网络的推荐算法和初始资源分配(Initial Configuration of NBI，IC-NBI)算法，具体介绍如下。

1. 推荐流行物品算法[32]

假设用户集合为$\{u_1,u_2,\cdots,u_m\}$，物品集合为$\{o_1,o_2,\cdots,o_n\}$，所有物品的节点度集合为$\{k(o_1),k(o_2),\cdots,k(o_n)\}$。按照节点度，GRM 算法将所有物品从大到小排序，并向用户推荐流行度高的物品，例如，若所有物品的排序为$k(o_{i1})\geqslant k(o_{i2})\geqslant\cdots\geqslant k(o_{in})$，除去已购买物品，算法按照上述顺序向用户推荐前$L$个物品。

2. 协作过滤算法[32]

根据物品或者用户之间的相似性，并基于用户以往购买历史，CF 算法通过计算未购买物品与已购买物品的相似性，估计未购买物品被推荐的可能性，进而完成推荐。对于两个用户 u_i 和 u_j，它们的余弦相似性定义[45,46]如下：

$$s_{ij}=\frac{1}{\sqrt{k(u_i)k(u_j)}}\sum_{l=1}^{n}a_{li}a_{lj} \tag{8-5}$$

在公式(8-5)的基础上，假如 u_i 尚未选择 o_j，则预测用户 u_i 购买 o_j 的可能性 v_{ij} 为：

$$v_{ij}=\frac{\sum\limits_{l=1,l\neq i}^{m}s_{li}a_{jl}}{\sum\limits_{l=1,l\neq i}^{m}s_{li}} \tag{8-6}$$

对于用户 u_i，CF 算法将 v_{ij} 从小到大排序，并取对应的前 L 个物品推荐给用户 u_i。

3. 基于二部图网络的推荐算法[33]

基于二部图网络拓扑结构，NBI 建模相似性推荐算法，利用物质能量扩散理论，预测网络中物品间的链路，进而计算物品间相似性。在二部图网络中，NBI 算法计算 o_i 和 o_j 相似性如下：

$$w_{ij}^{\mathrm{NBI}}=\frac{1}{k(o_j)}\sum_{l=1}^{m}\frac{a_{il}a_{jl}}{k(u_l)} \tag{8-7}$$

在等式(8-7)中，w_{ij}^{NBI}是相似性矩阵 $\boldsymbol{W}^{\mathrm{NBI}}$的元素，$k(o_j)=\sum\limits_{i=1}^{m}a_{ji}$ 和 $k(u_l)=\sum\limits_{i=1}^{n}a_{il}$ 分别表示物品 o_j 和用户 u_l 的节点度。对于用户 u_l，$\boldsymbol{f}_l=\{a_{li}\}$表示购买历史(用户 u_l 购买了物品 o_i 则 $a_{li}=1$，否则 $a_{li}=0$)，则未来给用户 u_l 的推荐列表为 $\boldsymbol{f}'_l=\boldsymbol{W}^{\mathrm{NBI}}\boldsymbol{f}_l$。

4. 初始资源分配算法[37]

考虑初始资源分配，IC-NBI 算法改进了 NBI 算法，认为物品初始流行度越小，则越容易受到个性化用户的喜爱，用户未来购买的可能性也越大。IC-NBI 算法的相似性权重为 $w_{ij}=k(o_j)^{\beta}w_{ij}$，这里参数 β 是惩罚因子，用于惩罚那些流行度过高的物品，根据 w_{ij} 计算得到相似关系矩阵 $\boldsymbol{W}^{\mathrm{IC\text{-}NBI}}=\{w_{ij}\}_{n\times n}$。如果用户 u_l 的购买历史向量为 $\boldsymbol{f}_l=\{a_{li}\}$，则未来推荐物品向量为 $\boldsymbol{f}'_l=\boldsymbol{W}^{\mathrm{IC\text{-}NBI}}\boldsymbol{f}_l$。

8.4　实验结果与分析

为了展示 CSI 算法的准确性和有效性，本书引入了 4 个真实的电子商务数据：Movielens、Netflix、Amazon 和 Rate Your Music(RYM)。并且关注于准确性、多样性和新奇性的 6 个度量指标。在计算 CSI 算法性能的同时，也计算了 4 个对比算法的性能，最后分析了 CSI 算法提升推荐性能的原因。在实验数据构成的二部图网络中，所有可能的用户对象关系构成了总的连边关系集 E^{A}，其中已存在的连

边关系集为 E。实验中，E 将被划分为包含 90%连边的训练集 E^T 和 10%连边的测试集 E^P，这里 $E^P \cap E^T = \varnothing$，$E^P \cup E^T = E$。需要强调一点，在实验中，测试集 E^P 中的购买关系连边被认为是未知信息，禁止在训练过程中使用，而补集 $\overline{E}$ 包含的是不存在的购买关系连边。

8.4.1 数据集

实验数据 Movielens、Netflix、Amazon 和 RYM 都来自电子商务网站，具有明显的实际意义。前两个数据分别来自于著名的电影推荐网站 www. grouplens. org 和 www. netflix. com，第三个来自于著名的在线购物网站 www. amazon. com，最后一个来自于音乐推荐网站 rateyourmusic. com。借助于用户对物品的评分，这些电子商务网站可以捕获用户的喜好，然后向用户推荐合适的物品。在 Movielens、Netflix 和 Amazon 中，物品评分从 1 分到 5 分，3 分是分数界限，而 RYM 的评分从 1 分到 10 分，5 分是分数界限，并且只有当评分超过分数界限时，才会认为用户喜欢该物品。

那些被认为是不喜欢的评分记录将被删除，则有效数据的详细信息如表 8-1 所示，从左向右分别表示数据集名称(Data)、用户数(Users)、物品数(Objects)、连边数(Links)和网络稀疏度(Sparsity)。

表 8-1　推荐实验数据集详细信息表

Data	Users	Objects	Links	Sparsity
Movielens	943	1 682	82 520	6.3×10^{-1}
Netflix	10 000	6 000	701 947	1.17×10^{-2}
Amazon	3 604	4 000	134 679	9.24×10^{-3}
RYM	33 786	5 381	613 387	3.37×10^{-3}

8.4.2 评价准则

个性化推荐算法总是关注于 3 类性能：准确性、多样性和新奇性[16]。首先，准确性通常有 3 类指标：平均排分(Averaged Ranking Score，$\langle r\rangle$)、准确率(Precision，P)和 AUC。介绍如下。

1. 平均排分

在所有未购买关系集 $E^A\backslash E^T$ 中，按降序排列评分，测试集中的用户物品关系会有一个位置，平均排分用来评估这个位置的靠前程度。假如在 E^P 中 o_i 被用户 u_j 购买，并且根据推荐可能性程度，在 u_j 未购买物品集合 O_j 中，购买关系 l_{ij} 的位置是 p_{ij}，可以算出用户 u_j 购买 o_i 的排分 $\mathrm{rank}_{ij}=\dfrac{p_{ij}}{|O_j|}$，$|O_j|$ 表示集合 O_j 中的元素个数。最终将 E^P 中所有购买关系排分进行平均，得到平均排分 $\langle r\rangle$ 为：

$$\langle r \rangle = \frac{\sum_{l_{ij} \in E^{\mathrm{P}}} \mathrm{rank}_{ij}}{|E^{\mathrm{P}}|} \tag{8-8}$$

在等式(8-8)中，$|E^{\mathrm{P}}|$表示测试集中购买关系形成的连边个数。

2. 准确率

对于每个用户长度为 L 的推荐列表，准确率用来衡量在 E^{P} 中所包含的连边比例，假定 N_j 表示在测试集中属于用户 u_j 的连边数，则对于用户 u_j，准确率为 $P_j(L)=\frac{N_j}{L}$，将每个用户的准确率进行平均，得到整个算法的准确率 P 为：

$$P = \frac{1}{m}\sum_{j=1}^{m} P_j(L) \tag{8-9}$$

3. AUC

对于一个推荐算法，AUC 指标可以衡量其区分相关物品（用户喜好物品）与不相关物品（用户不喜好的物品）的能力。计算方法如下。

对于任意用户 u_i，根据算法，E_i^{P} 和$\overline{E_i}$中每一条连边将得到一个可能性值。在此基础上，随机从 E_i^{P} 和$\overline{E_i}$中各取一条边，如果前者的可能性值高于后者，则累计 1 分，若两者相等则累计 0.5 分，否则不计分。为了可靠测试算法的准确性能，需要抽取 n 次（不小于 1 000 000 次）。如果在 n 次抽取中，有 n'次累计 1 分，n''次累计 0.5 分，则对于用户 u_i，预测 AUC 值为：

$$\mathrm{AUC}_i = \frac{n' + 0.5n''}{n} \tag{8-10}$$

当得到每个用户的 AUC 度量后，整体算法的 AUC 度量为：

$$\mathrm{AUC} = \frac{1}{|U|}\sum_{i \in U} \mathrm{AUC}_i \tag{8-11}$$

在等式(8-11)中，$|U|$表示用户集合 U 中的用户总数。

其次，个性化推荐算法需要给用户推荐尽可能丰富的物品，不仅给单一用户推荐的物品要具有多样性，同时给不同用户推荐的物品也要有差异性。因此，推荐算法的多样性有两个方面：一方面是单一用户物品之间的内部相似性（Intra-similarity，I），另一方面是不同用户推荐列表之间的汉明距离（Hamming Distance，H），介绍如下。

4. 内部相似性

对于任意目标用户 u_l，若对其推荐的物品列表为$\{o_1, o_2, \cdots, o_L\}$，则其中任意两个物品 o_i 和 o_j 的相似性为：

$$s_{ij}^{\mathrm{o}} = \frac{1}{\sqrt{k(o_i)k(o_j)}}\sum_{l=1}^{m} a_{il}a_{jl} \tag{8-12}$$

在等式(8-12)中，$k(o_i)$表示物品 o_i 的度值，则对于用户 u_l，其推荐列表的内部相似性为：

$$I_l = \frac{1}{L(L-1)} \sum_{i \neq j} s_{ij}^{o} \tag{8-13}$$

则整个算法的内部相似性度量为：

$$I = \frac{1}{|U|} \sum_{l \in U} I_l \tag{8-14}$$

5. 汉明距离

若推荐列表长度是 L，并且在用户 u_i 和 u_j 的推荐列表中，有 Q 个物品是重复的，则这两个用户之间的汉明距离是：

$$H_{ij} = 1 - \frac{Q}{L} \tag{8-15}$$

进一步，将任意两个用户之间的汉明距离进行平均，得到算法整体的汉明距离：

$$H = \frac{1}{|U|(|U|-1)} \sum_{i \neq j} H_{ij} \tag{8-16}$$

对于算法而言，单一用户推荐列表的内部相似性越小越好，而不同用户推荐物品之间的汉明距离越大越好。这表明推荐物品重复性越小，多样性越优异。个性化推荐算法除了准确性、多样性之外，还有一个重要的指标——新奇性，用推荐物品的平均流行度表示，推荐物品的平均流行度越低，则新奇性越高，定义如下。

6. 新奇性

推荐算法要求推荐结果个性化，即推荐的物品应符合用户的个性化喜好，表现为较低的流行度。个性化指标被称为新奇性，可以用推荐物品的平均度 $\langle k \rangle$ 表示。假设 o_{ij} 表示给用户 u_i 推荐的第 j 个物品，L 表示推荐列表长度，则定义 Novelty 如下：

$$\langle k \rangle = \frac{1}{|U| L} \sum_{i=1}^{|U|} \sum_{j=1}^{L} k(o_{ij}) \tag{8-17}$$

8.4.3 结果与分析

基于 4 个真实数据集，分别在 10 次独立随机划分的训练集和测试集上，针对准确性、多样性和新奇性的 6 个指标，计算 CSI 算法和 4 个经典算法的推荐性能，结果呈现在表 8-2 中，相对于经典算法，为了进一步展现 CSI 算法的优异性，图 8-2 直观地给出了 4 个数据集上的 Precision-Recall 曲线图。

首先，在 4 个真实数据集上，表 8-2 列出了所有算法的最优值，并且所有算法的最佳性能值用粗体字表示。具体而言，在所有算法中，CSI 算法相比 GRM 算法改进最多，特别在 Movielens 中，平均排分值 $\langle r \rangle$ 减少了 35%，准确性 P 增长了超过 45%，汉明距离增加了 90%左右，并且在 Amazon 中，平均流行度减少了 63%。相比 GRM 算法，CF 算法有了一定的性能改进，但是相比于 CSI 算法，还有明显差距，在RYM中，CSI算法的平均排名$\langle r\rangle$相比CF算法减少了38%，在Netflix中，准确率P增加了31%，内部相似性I减少了37%，汉明距离H增加了33%，并且在Amazon中，平均流行度$\langle k\rangle$减少了40%。虽然NBI算法进一步改进了CF算法，但是CSI算法在6个度量中仍然明显优于NBI算法。在RYM中，CSI算法的准确率P增长了23%左右，内部相似性I减少了31%，在Netflix中，汉明距离增加了24%左右，并且在Amazon中，平均流行度$\langle k\rangle$减少了40%。最后，IC-NBI算法相比于NBI算法考虑了推荐源的流行度，性能得到了进一步提升，但是仍然弱于CSI算法。在RYM中，平均排名减少了21%，在Amazon中，准确率P增加了16%，汉明距离H增加了11%，平均流行度$\langle k\rangle$减少了40%，并且在Netflix中，内部相似性减少了19%。从统计分析结果看表8-2中的数据，CSI算法明显在准确性、多样性和新奇性方面优于主流的4个经典算法。特别地，由于相似性理论的改进(如图8-1所示)，CSI算法相比于原始算法NBI获得了性能的巨大提升，有力地证明了修正相似性理论的正确性。

同时相比于其他算法，为了直观展示CSI算法的优异性，进一步画出了所有算法在4个数据集上的Precision-Recall曲线，如图8-2所示。如果在长度为L的推荐列表中有l个物品命中，则可以通过等式Recall$=\frac{l}{|E^{\mathrm{P}}|}$计算Recall值，再结合等式(8-9)计算准确率，可以得到算法的Precision-Recall曲线。

在图8-2中，x轴表示算法的准确率(Precision)，y轴表示算法的Recall性能，从左下到右上算法性能依次提升。可以看出，CSI算法曲线都在其他算法曲线的右上，并在4个数据集中，与其他曲线差距都较大，这个直观的图形再一次印证了表8-2的结论。

相比于主流经典算法，为了揭示CSI算法明显改进的缘由，本书比较了这些基于相似算法的推荐过程。一般来看，GRM算法倾向于推荐流行度较高的物品，对于物品或者用户之间的相似度考虑最少，无疑导致了最差的推荐性能；而CF算法合理地考虑了用户之间的相似性，并且在6个度量中，都获得了明显的性能改进，但是相比CSI算法仍然较差，原因是CF算法忽略了物品间相似性，同时没有修正有偏差的相似性；基于网络拓扑映射，NBI算法获得了物品相似性，明显优于CF算法，但是相比于CSI算法，仍然表现出明显不足，根本原因是，没有发现物品间相似性偏差；通过惩罚流行度较高的推荐源，IC-NBI算法改进了推荐性能，但还是基于单向相似性建模，忽略了双向相似性，仍然弱于CSI算法。总而言之，传统推荐算法大多基于单向相似性，存在相似性估计偏差，但是相比之下，CSI算法同时考虑了正向和反向相似性，修正了相似性估计中的缺陷，在准确性、多样性和新奇性方面获得巨大改进。

表 8-2 CSI 算法和 4 个对比算法的性能比较表

算法		⟨r⟩	P	AUC	I	H	⟨k⟩
在 Movielens 上进行实验的算法	GRM 算法	0.148 6(0.002 0)	0.050 8(0.000 7)	0.856 9(0.002 3)	0.408 5(0.001 0)	0.399 1(0.000 7)	259(0.441 0)
	CF 算法	0.122 5(0.002 0)	0.063 8(0.001 1)	0.899 0(0.002 0)	0.375 8(0.000 8)	0.579 6(0.001 6)	242(0.372 4)
	NBI 算法	0.114 2(0.001 8)	0.067 0(0.001 1)	0.909 3(0.001 6)	0.355 4(0.000 8)	0.618 5(0.001 3)	234(0.392 5)
	IC-NBI 算法	0.107 4(0.001 7)	0.069 3(0.001 1)	0.914 5(0.001 4)	0.339 2(0.000 9)	0.688 6(0.001 1)	219(0.472 5)
	CSI 算法	**0.096 3(0.001 4)**	**0.073 8(0.000 9)**	**0.927 6(0.001 2)**	**0.289 2(0.000 8)**	**0.760 1(0.000 6)**	**186(0.428 6)**
在 Netflix 上进行实验的算法	GRM 算法	0.204 6(0.000 4)	0.016 0(0.000 2)	0.810 1(0.002 8)	0.358 0(0.002 1)	0.162 7(0.000 4)	520(1.340 2)
	CF 算法	0.175 5(0.000 4)	0.023 5(0.000 3)	0.871 4(0.002 1)	0.310 6(0.000 9)	0.678 7(0.001 0)	423(1.280 3)
	NBI 算法	0.166 1(0.000 4)	0.025 1(0.000 3)	0.885 8(0.001 9)	0.281 9(0.000 8)	0.729 9(0.000 6)	398(1.076 3)
	IC-NBI 算法	0.153 7(0.000 4)	0.027 0(0.000 4)	0.887 7(0.002 0)	0.240 5(0.000 6)	0.879 0(0.000 3)	312(0.685 5)
	CSI 算法	**0.143 7(0.000 3)**	**0.031 0(0.000 4)**	**0.906 3(0.001 6)**	**0.193 7(0.001 2)**	**0.906 3(0.000 3)**	**256(0.755 4)**
在 Amazon 上进行实验的算法	GRM 算法	0.364 3(0.001 7)	0.003 6(0.000 08)	0.640 9(0.002 9)	**0.070 9(0.000 6)**	0.058 4(0.000 1)	133(0.3)
	CF 算法	0.121 2(0.001 0)	0.015 6(0.000 1)	0.881 0(0.001 7)	0.092 7(0.000 1)	0.864 9(0.000 8)	81(0.193 8)
	NBI 算法	0.116 9(0.001 1)	0.016 1(0.000 1)	0.884 4(0.001 8)	0.089 9(0.000 1)	0.861 9(0.000 6)	81(0.177 5)
	IC-NBI 算法	0.116 9(0.001 4)	0.016 3(0.000 1)	0.884 4(0.001 8)	0.089 6(0.000 1)	0.865 2(0.000 6)	81(0.168 9)
	CSI 算法	**0.103 6(0.001 1)**	**0.019 0(0.000 1)**	**0.893 0(0.001 8)**	0.088 0(0.000 2)	**0.966 7(0.000 07)**	**48(0.047 9)**
在 RYM 上进行实验的算法	GRM 算法	0.158 1(0.000 09)	0.003 4(0.000 01)	0.878 6(0.000 1)	**0.133 4(0.000 3)**	0.070 1(0.000 07)	1 343(0.426 8)
	CF 算法	0.075 3(0.000 1)	0.012 9(0.000 03)	0.954 8(0.000 1)	0.160 4(0.000 06)	0.821 6(0.000 01)	1 114(0.589 5)
	NBI 算法	0.067 3(0.000 07)	0.013 1(0.000 06)	0.961 1(0.000 1)	0.158 0(0.000 1)	0.791 2(0.000 08)	1 195(0.706 1)
	IC-NBI 算法	0.058 7(0.000 07)	0.013 5(0.000 05)	0.964 4(0.000 1)	0.154 8(0.000 08)	0.811 3(0.000 01)	1 154(0.565 4)
	CSI 算法	**0.046 2(0.000 1)**	**0.015 6(0.000 03)**	**0.971 4(0.000 1)**	0.146 7(0.000 09)	**0.892 2(0.000 05)**	**869(0.512 1)**

注：数字表示相应指标的平均性能值，括号中的数字表示其标准差。

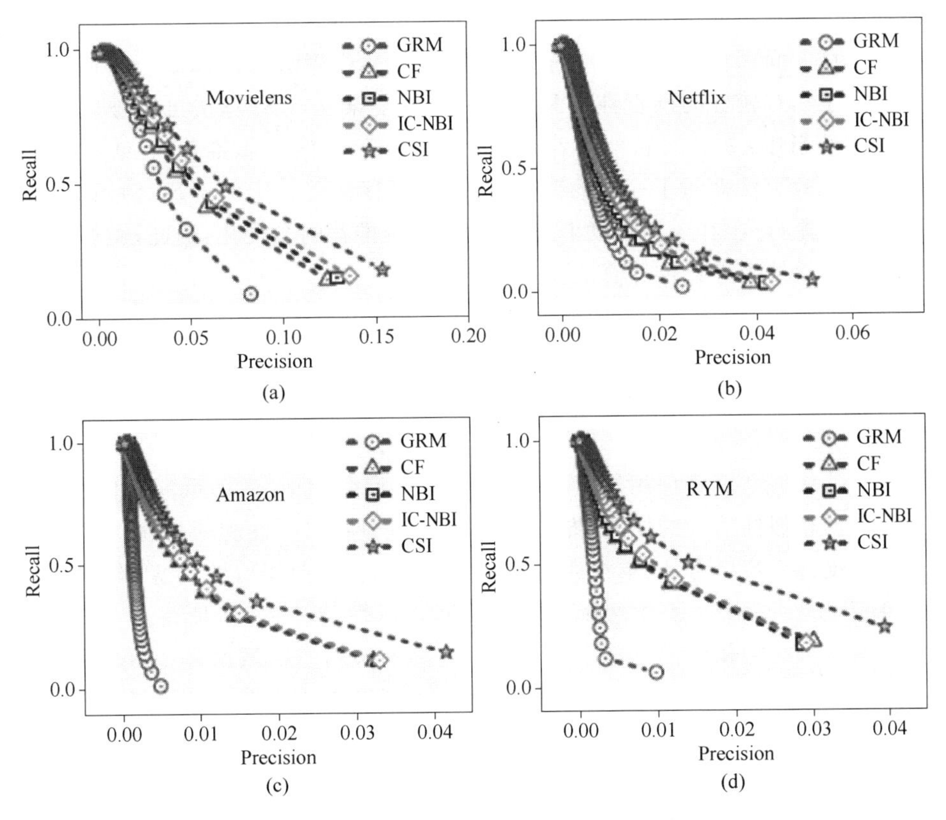

图 8-2　4 个真实数据集上 CSI 算法和比较算法的 Precision-Recall 曲线图

对于推荐算法，除了考虑性能之外，算法复杂度也是重要的考虑因素。两个 $N\times N$ 的矩阵相乘，复杂度是 $O(N^3)$，结合 CF 算法、NBI 算法、IC-NBI 算法的定义，它们的算法复杂度都是 $O(N^3)$，相比之下，CSI 算法具有相同的复杂度 $O(N^3)$，但是在 6 个方面的推荐性能却有明显的提升。GRM 算法基于排序推荐，虽然具有较小的复杂度 $O(N^2)$，但是却明显地损失了推荐性能。总体来看，在获得明显性能改进的同时，CSI 算法并没有增加复杂度。

8.5　本章小结

总而言之，本书在研究了大量经典推荐算法的基础上，发现在传统基于相似性的推荐算法中，基于单向相似性会导致相似性的高估或低估问题。原因是数据稀疏性和相似性的非对称估计。通过研究前向和后向相似性，本书基于修正相似性，提出了改进的推荐算法 CSI，通过综合双向相似性，修正单向相似性估计的缺陷。

通过在4个真实数据集上的实验，相比于传统经典算法，CSI算法在准确性、多样性和新奇性方面都获得了巨大改进。不仅如此，CSI算法的计算复杂度却并没有增加。由于具有较好的推荐性能和较低的计算复杂度，CSI算法可以被应用在多样的推荐环境中，如在线新闻推荐、在线书籍推荐、在线电影推荐、在线歌曲推荐等。虽然CSI算法获得了一定的改进，但是仍然存在着一定的不足，例如，缺乏考虑两端物品流行度，在一定程度上，流行度会影响推荐的个性化，因此，需要进一步研究更加有效的个性化推荐算法。

8.6 研究思考

本章从相似性链路预测角度出发，基于物质扩散理论，考虑反向相似性，修正了传统单向相似性估计的偏差，提高了推荐的准确性、多样性和新奇性。读者可以从以下角度进一步思考：①本章使用反向相似性修正正向相似性模型，构建的反向相似性模型是否最优，是否存在其他的反向相似性构建模型，值得进一步思考；②本章对于物品间相似性建模主要考虑的是路径对物质扩散的模型，仅仅考虑了两跳路径，从一个物品到用户再到另一个物品，可以进一步考虑长路径，研究物品间的物质扩散模型；③通过前几章链路预测算法的研究，可以知道，影响链路预测相似性的因素包括端点影响力和路径传递能力。本章对物品相似性的估计模型主要考虑的是路径上物质资源的传递，对于物品资源并未涉及，可以通过考虑物品资源的建模进一步改进算法模型。

本章参考文献

[1] Zhang G Q, Yang Q F, Cheng S Q, et al. Evolution of the Internet and its cores [J]. New Journal of Physics, 2008, 10 (12): 123027.

[2] Pastor-Satorras R, Vespignani A. Evolution and structure of the Internet: a statistical physics approach [M]. New York: Cambridge University Press, 2004.

[3] Broder A, Kumar R, Maghoul F, et al. Graph structure in the web [J]. Computer Networks, 2000, 33(1): 309-320.

[4] Doan A, Ramakrishnan R, Halevy A Y. Crowdsourcing systems on the world-wide web [J]. Communications of the ACM, 2011, 54(4): 86-96.

[5] Goggin G. Cell phone culture: mobile technology in everyday life [M]. New

York:Routledge,2006.

[6] Zheng P,Ni L. Smart Phone and Next Generation Mobile Computing [M]. A msterdam:Elsevier Science,2010.

[7] Schafer J B,Konstan J,Riedl J. Recommender systems in e-commerce [C]// Proceedings of the 1st ACM Conference on Electronic Commerce. Denver: ACM, 1999:158-166.

[8] Anderson C. The Long Tail:Why the Future of Business Is Selling Less of More [M]. New York:Hyperion Books,2008.

[9] Resnick P,Varian H R. Recommender systems[J]. Communications of the ACM,1997,40 (3):56-58.

[10] Linden G,Smith B,York J. Amazon. com recommendations:item-to-item collaborative filtering [J]. IEEE Internet Computing,2003(7):76-80.

[11] Billsus D,Pazzani M J. Adaptive news access [C]// Lecture Notes in Computer Science. Berlin Heidelberg:Springer-Verlag,2007:550-570.

[12] Ali K,van Stam W. TiVo:making show recommendations using a distributed collaborative filtering architecture [C]//Proceedings of the Tenth ACM SIGKDD International Conference on Knowledge Discovery and Data Mining. Seattle:ACM,2004:394-401.

[13] Huang Z,Zeng D,Chen H. A comparison of collaborative-filtering recommendation algorithms for e-commerce [J]. IEEE Intelligent Systems,2007, 22 (5):68-78.

[14] Wei K N,Huang J H,Fu S H. A survey of e-commerce recommender systems [C]//Service Systems and Service Management, 2007 International Conference on. Chengdu:IEEE,2007:1-5.

[15] Adomavicius G,Tuzhilin A. Toward the next generation of recommender systems: a survey of the state-of-the-art and possible extensions [J]. Knowledge and Data Engineering, IEEE Transactions on, 2005, 17 (6): 734-749.

[16] Lü L Y,Medo M,Yeung C H,et al. Recommender systems [J]. Physics Reports,2012,519(1):1-49.

[17] Ricci F,Rokach L,Shapira B,et al. Recommender systems handbook [M]. New York:Springer-Verlag,2010.

[18] Asim A,Essegaier S,Kohli R. Internet recommendation systems [J]. Journal of Marketing Research,2000,37 (3):363-375.

[19] Pazzani M J,Billsus D. Content-based recommendation systems[C]//The

Adaptive Web. Berlin Heidelberg:Springer-Verlag,2007:325-341.

[20] Parameswaran A, Venetis P, Garcia-Molina H. Recommendation systems with complex constraints: a course recommendation perspective [J]. ACM Transactions on Information Systems (TOIS), 2011, 29 (4): 20-20.

[21] Adomavicius G, Sankaranarayanan R, Sen S, et al. Incorporating contextual information in recommender systems using a multidimensional approach [J]. ACM Transactions on Information Systems (TOIS), 2005, 23 (1): 103-145.

[22] Petridou S G, Koutsonikola V A, Vakali A I, et al. Time-aware web users' clustering [J]. Knowledge and Data Engineering, IEEE Transactions on, 2008, 20 (5): 653-667.

[23] Campos P G, Díez F, Cantador I. Time-aware recommender systems: a comprehensive survey and analysis of existing evaluation protocols [J]. User Modeling and User-Adapted Interaction, 2014, 24(1/2): 67-119.

[24] Zhang Z K, Zhou T, Zhang Y C. Tag-aware recommender systems: a state-of-the-art survey [J]. Journal of Computer Science and Technology, 2011, 26 (5): 767-777.

[25] Tso-Sutter K H L, Marinho L B, Schmidt-Thieme L. Tag-aware recommender systems by fusion of collaborative filtering algorithms [J]. Proceedings of the 2008 ACM Symposium on Applied Computing. Fortaleza: ACM, 2008: 1995-1999.

[26] Liu H, Hu Z, Mian A, et al. A new user similarity model to improve the accuracy of collaborative filtering [J]. Knowledge-Based Systems, 2014 (56): 156-166.

[27] Guy I, Carmel D. Social recommender systems[C]// Proceedings of the 20th International Conference Companion on World Wide Web. Hyderabad: ACM, 2011: 283-284.

[28] Felfernig A, Burke R . Constraint-based recommender systems: technologies and research issues[C]//Proceedings of the 10th International Conference on Electronic Commerce. New York: ACM, 2008.

[29] Electronic Commerce[M]. New York: ACM, 2008.

[30] Maslov S, Zhang Y C. Extracting hidden information from knowledge networks [J]. Physical Review Letters, 2001, 87 (24): 248701.

[31] Ren J, Zhou T, Zhang Y C. Information filtering via self-consistent refinement [J]. EPL (Europhysics Letters), 2008, 82 (5): 58007.

[32] Goldberg K,Roeder T,Gupta D,et al. Eigentaste:a constant time collaborative filtering algorithm [J]. Information Retrieval,2001,4 (2):133-151.

[33] Herlocker J L,Konstan J A,Terveen L G,et al. Evaluating collaborative filtering recommender systems [J]. ACM Transactions on Information Systems (TOIS),2004,22 (1):5-53.

[34] Zhou T,Ren J,Medo M,et al. Bipartite network projection and personal recommendation [J]. Physical Review. E Statistical, Nonlinear, and Soft Matter Physics,2007,76 (4):046115.

[35] Zhou T,Su R Q,Liu R R,et al. Accurate and diverse recommendations via eliminating redundant correlations[J]. New Journal of Physics, 2009, 11 (12):123008.

[36] Nisan N,Roughgarden T,Tardos E,et al. Algorithmic game theory[M]. Leiden:Cambridge University Press,2007.

[37] Zhang Y C,Medo M,Ren J,et al. Recommendation model based on opinion diffusion [J]. EPL,2007,80 (6):68003.

[38] Zhou T,Jiang L L,Su R Q,et al. Effect of initial configuration on network-based recommendation[J]. EPL (Europhysics Letters),2008,81(5): 58004-58007.

[39] Pei S,Maks H A. Spreading dynamics in complex networks [J]. Journal of Statistical Mechanics:Theory and Experiment,2013,12 (2013):12002.

[40] Kitsak M,Gallos L K,Havlin S,et al. Identification of influential spreaders in complex networks [J]. Nature Physics,2010,6 (11):888-893.

[41] Burke R. Hybrid recommender systems:survey and experiments [J]. User Modeling and User-adapted Interaction,2002,12 (4):331-370.

[42] Zhou T,Kuscsik Z,Liu J G,et al. Solving the apparent diversity-accuracy dilemma of recommender systems [J]. Proceedings of the National Academy of Sciences (USA),2010,107 (10):4511-4515.

[43] Zhu X Z,Tian H,Cai S. Personalized recommendation with corrected similarity [J]. Journal of Statistical Mechanics:Theory and Experiment,2014 (7):07004.

[44] Ziegler C N,McNee S M,Konstan J A,et al. Improving recommendation lists through topic diversification[C]//Proceedings of the 14th International Conference on World Wide Web. Chiba:ACM,2005:22-32.

[45] Sørensen T. A method of establishing groups of equal amplitude in plant sociology based on similarity of species and its application to analyses of

the vegetation on Danish commons [J]. Biol. Skr. ,1948 (5):1-34.

[46] Liben-Nowell D,Kleinberg J. The link-prediction problem for social networks [J]. Journal of the American Society for Information Science and Technology,2007,58(7):1019-1031.

[47] Zhou T,Lü L Y,Zhang Y C. Predicting missing links via local information [J]. European Physical Journal B,2009,71 (4):623-630.

[48] Powers D M W. Evaluation:from precision,recall and F-measure to ROC,informedness,markedness and correlation [EB/OL]. [2018-06-07]. https://www.researchgate.net/publication/228529307_Evaluation_From_Precision_Recall_and_F-Factor_to_ROC_Informedness_Markedness_Correlation.

第 9 章　基于一致性的协作推荐算法

通过研究传统基于相似性的推荐算法，发现了相似性的高估和低估问题，提出了新的修正算法。在修正算法中，虽然基于后向相似性修正了相似性偏差，提高了推荐性能，但对于传统相似性算法存在的缺陷，并没有揭示出本质原因，本章将进一步研究，以揭示出其提升推荐性能的本质原因。

基于相似性原理，根据用户的购买历史进行推荐，表现出一个因果性的推荐，即由于用户曾经购买了一些物品，所以未来会够买与之相似的物品。通过研究发现，基于前后双向相似性，算法性能得到提升，本质原因是捕获了用户对物品的一致性喜好。而正是由于用户喜好的稳定性，前后推荐才会高度一致，并且一致性越强，用户购买的可能性越大。传统相似性推荐大多基于前后时间顺序，其本质是因果推荐，并且仅仅存在于少数场景。而对于更多类似电影、音乐、图片等实际推荐，相似性推荐的本质应该是喜好的一致性。而且除了喜好的一致性外，用户对不同物品还有喜好程度的差别，如果在考虑喜好一致性的同时，还考虑喜好程度的差别，将能进一步提高个性化推荐的性能。

基于以上研究，本书提出了一致性推荐(Consistence-Based Inference，CBI)算法和非平衡一致性推荐(Unbalanced CBI，UCBI)算法，同时在 4 个实际的数据集 Netflix、Movielens、Amazon 和 Rate Your Music 中，计算 CBI 算法和 UCBI 算法的准确性、多样性和新奇性，相比于传统基于因果相似性的推荐算法，结果显示推荐性能有明显提升。

9.1　研究背景

随着因特网[1,2]、万维网[3,4]和智能终端[5,6]的迅速发展，人们的生活发生了显著变化，开始通过网络来获取信息。但是随着数据信息的不断增多，在海量数据中，人们获取信息变得越来越困难。推荐系统有效地解决了这一难题[7]，尤其在个性化推荐方面表现出色[8]。

由于数据存储和处理成本越来越低，推荐系统渐渐触及了人们生活的各个领域。例如:商品供应商们记录下用户的购买记录,并向用户推荐相关物品来增加销售额[9];社交网站分析用户的社交关系,进而帮助用户寻找更多的新朋友[10];在线音乐网站向用户推荐更喜欢的歌曲[11]。总的来说,任何时候都有多样的物品和不同的用户,但重要的是,即使物品呈现多样化,个性化推荐也能帮助用户准确地找到自己所偏好的物品。尤其是电子商务公司,它们利用推荐系统可以帮助销售大量的长尾物品,以获得更多的利润[12]。例如:对于亚马逊公司,仅有20%～40%的销售额来自于最流行的前100 000个之外的商品[13];还有,Sanders在第三届ACM推荐系统国际会议上谈到,Netflix公司出租DVD的60%收入归功于其个性化的推荐系统。推荐系统表现优异,不仅能推断应向用户推荐哪些物品,而且更重要的是,可以将那些用户没有见到或者没想到的物品,推荐给他们,以此增加用户的好感[14]。

由于推荐系统具有巨大的经济和商业价值,人们对推荐算法展开了广泛研究,提出了大量的研究成果,包括协作推荐算法[15]、基于内容分析的推荐算法[16]、基于知识分析的推荐算法[17]、基于时间感知的推荐算法[18]、基于标签感知的推荐算法[19]、基于社交关系的好友推荐算法[20]、基于限制分析的推荐算法[21]、基于频谱分析的推荐算法[22]、基于迭代的推荐算法[23]、基于主成分分析的推荐算法[24]、基于混合技术的推荐算法[25]、基于扩散理论的推荐算法[26,27,28]等。在众多的推荐算法中,由于应用简便、推荐有效,基于扩散理论的推荐算法已经得到了广泛应用,如阿里巴巴公司的taobao.com和百分点公司的baifendian.com推荐系统。最近,基于扩散的推荐算法又得到了进一步改进,如考虑初始资源分布效应的推荐算法[29]、考虑有偏扩散的相关性推荐算法[30]、考虑用户品味的推荐算法[31]等。

9.2 问题描述

通过进一步研究发现,在大多数情况下,相似性推荐本质上是基于用户一致性喜好的推荐(consistent recommendation),而不是传统基于时间上因果关系的相似性推荐(causal recommendation)。

一般而言,根据用户的购买历史,推荐系统能发现用户的喜好,然后向用户推荐新的物品。大多数推荐算法都是根据因果关系进行推荐的,即根据已经购买的物品推荐另一新物品。在这种因果关系主导的推荐中,时间先后关系非常关键。图9-1(a)举例给出了因果推荐的示意图,假如目标用户已经阅读过《算法》(*Algorithms*)一书,推荐系统可能偏好于推荐《数据挖掘》(*Data Mining*),而不是《数据结构》(*Data Structure*),原因在于后者的研究会先于算法。但是在大多数情况下,如食物、电影、音乐等的推荐,不存在时间上的先后关系,并且用户购买的时间先后顺序也不能反映任何因果关系，如图 9-1(b)所示，若目标用户已经观看过电影《星际迷航》(*Star Trek Into Darkness*)，推荐系统判断出用户可能比较喜欢科幻电影，于是会随意向用户推荐科幻电影《后天》(*The Day After Tomorrow*)或者《云图》(*Cloud Atlas*)，而不用考虑应该先观看哪个电影。

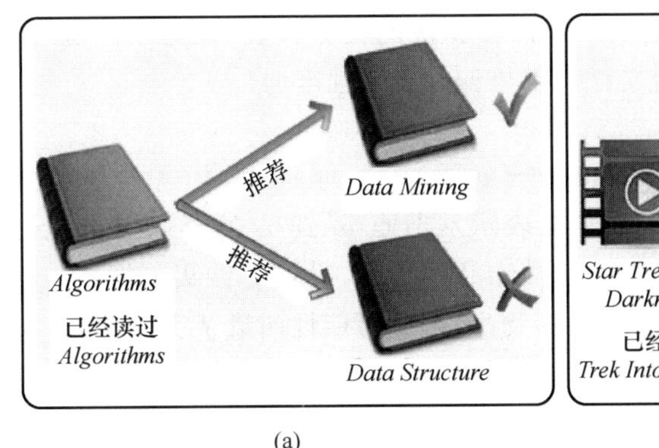

(a)

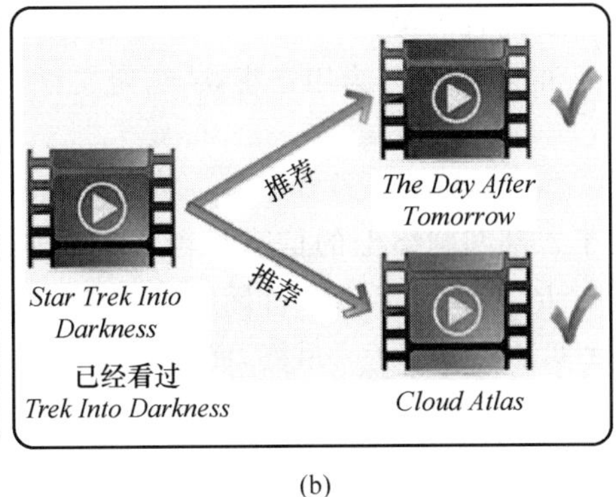

(b)

图 9-1　因果性和一致性推荐示意图

如上所述，一些推荐源于购买时间上的因果关系，而另外一些则反映了用户一致性的喜爱。对于一些已知的基于因果关系算法(如基于网络推荐的算法[27])，研究表明，虽然在推荐中表现出较好的性能，但是对于绝大多数用户的选择而言，应该被解释为基于用户偏好的一致性。因此，本书将提出一个全新的算法：基于一致性的推荐算法。不仅如此，为了证明 CBI 算法的有效性和可靠性，以及相比于因果性算法的巨大改进，在 4 个真实数据集 Movielens、Netflix、Amazon 和 Rate Your Music 上，计算了 CBI 算法和其他 4 个因果性对比算法 GRM、CF、NBI 和 HNBI 的推荐性能，并进一步对性能结果进行比较，揭示出本书的合理性和有效性。

9.3　基于一致性的推荐算法 CBI

推荐系统由用户和物品组成，根据自己的喜好，每个用户会购买一定量的物品。推荐系统中的物品集合表示为 $O=\{o_1,o_2,\cdots,o_n\}$，用户集合表示为 $U=\{u_1,u_2,\cdots,u_m\}$，在这里 n 和 m 分别表示物品和用户的总数目，用户购买物品的连边集合表示为 E。当用户 u_j 购买了物品 o_i 时 $a_{ij}=1$，否则 $a_{ij}=0$，则推荐系统可以描述为一个 $n\times m$ 的邻接矩阵 $\mathbf{A}=\{a_{ij}\}_{n\times m}$，同时也可以描述为，一个由 m 个用户和 n 个物品构成的二部图网络 G，其中用户 u_l 的节点度 $k(u_l)$ 表示用户 u_l 所购买物品数量，而物品 o_i 的节点度 $k(o_i)$ 表示购买物品 o_i 的用户数。最终，推荐系统将向用户推荐长度为 L 的物品列表。虽然在本书中，L 被设定为 50，但 L 的取值对本书的结论没有影响。

9.3.1 基于网络的因果性推荐算法 NBI

在众多因果性算法中，NBI[27]算法以其高效、准确和强健的推荐能力，受到了众多研究者的关注[8]。NBI 算法是因果性推荐算法的典型代表，认为用户购买物品 o_j 的本质是因为用户喜欢 o_i，定义这种因果偏好关系强度为：

$$w_{ij} = \frac{1}{k(o_j)} \sum_{l=1}^{m} \frac{a_{il} a_{jl}}{k(u_l)} \tag{9-1}$$

基于二部图网络上的信息扩散，等式(9-1)表示从节点 o_j 到 o_i 的资源游走能力。进一步，用向量 $\boldsymbol{f}$ 表示目标用户 u_l 初始购买物品的情况，假如 u_l 购买了物品 o_j，则 $f_j=1$，否则 $f_j=0$。最终，向用户 u_l 推荐新物品，得到可能性向量 $\boldsymbol{f}'$ 为：

$$\boldsymbol{f}' = \boldsymbol{W}\boldsymbol{f} \tag{9-2}$$

在等式(9-2)中，$\boldsymbol{W}=\{w_{ij}\}_{n\times n}$ 表示因果偏好关系矩阵。一个简单计算 $\boldsymbol{W}=\{w_{ij}\}_{n\times n}$ 的例子展示在图 9-2 中，根据等式(9-2)，可以得到向用户推荐未购买物品的可能性，按照降序，将前 L 个最可能的物品推荐给用户。

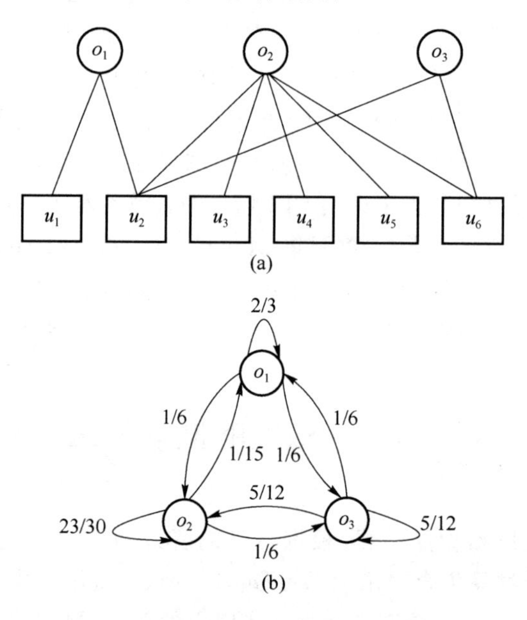

图 9-2 因果偏好关系强度的计算示例

9.3.2 基于一致性的推荐算法 CBI 和 UCBI

在 NBI 算法的定义中，等式(9-1)仅仅解释了当购买 o_j 时，购买 o_i 的可能性，

即由于先前购买了 o_j，算法在多大可能性上会推荐 o_i，因此 NBI 算法是一个典型的因果性推荐算法。若研究物品 o_j 和 o_i 之间的一致性，不仅需要知道选择 o_j 后选择 o_i 的可能性，同时需要知道选择 o_i 对选择 o_j 的影响，这里定义(o_i, o_j)为 o_i 与 o_j 的共选关系。在一定程度上，它反映了目标用户 u_l 喜好的一致性。因此，对应于等式(9-1)的因果关系，在基于一致性推荐的 CBI 算法中，o_i 与 o_j 的一致性关系 CBI 可以被定义为：

$$r^{\mathrm{CBI}} = w_{ij} + \frac{w_{ji}}{\sum_{j'=1}^{n} w_{j'i}} \tag{9-3}$$

在等式(9-3)中，归一化因子 $\sum_{j'=1}^{n} w_{j'i}$ 用来保证双向选择的可比较性，即：

$$\sum_{i} w_{ij} = \sum_{j} \left(\frac{w_{ji}}{\sum_{j'=1}^{n} w_{j'i}} \right) = 1 \tag{9-4}$$

根据等式(9-3)得到一致性关系矩阵 $\boldsymbol{R}^{\mathrm{CBI}} = \{r_{ij}^{\mathrm{CBI}}\}_{n \times n}$，进一步，当已知目标用户 u_l 的购买历史向量 $\boldsymbol{f}$ 时，可以算出推荐物品的可能性向量 $\boldsymbol{f}'$ 为：

$$\boldsymbol{f}' = \boldsymbol{R}^{\mathrm{CBI}} \boldsymbol{f} \tag{9-5}$$

从等式(9-3)可以看出，CBI 算法与 NBI 算法都是无参数算法。

但是事实上，由于选择 o_j 而选择 o_i 的影响力，与选择 o_i 而选择 o_j 的影响力在强度上很可能不同。因此，需要进一步研究非平衡一致性推荐算法，则一致性关系等式(9-3)进一步变为：

$$r^{\mathrm{UCBI}} = (w_{ij})^{\alpha} + \left(\frac{w_{ji}}{\sum_{j'=1}^{n} w_{j'i}} \right)^{\beta} \tag{9-6}$$

于是，当已知用户 u_l 的购买历史向量 $\boldsymbol{f}$ 时，可以计算推荐物品的可能性向量 $\boldsymbol{f}'$ 为：

$$\boldsymbol{f}' = \boldsymbol{R}^{\mathrm{UCBI}} \boldsymbol{f} \tag{9-7}$$

在等式(9-7)中 $\boldsymbol{R}^{\mathrm{UCBI}} = \{r_{ij}^{\mathrm{UCBI}}\}_{n \times n}$，相比于 CBI 算法，当引入参数 α 和 β 之后，UCBI 的推荐性能必将得到提升。除此之外，本书将进一步探索：①CBI 算法和 UCBI 算法性能提高程度；②不同方向影响力强度的差别。

9.3.3　对比算法

为了展示 CBI 算法和 UCBI 算法的性能优势，本章列出了 4 个经典的对比算法：推荐流行物品算法、协作过滤算法、基于二部图网络的推荐算法和基于异构资源分配的 NBI 算法。具体介绍如下。

1. 推荐流行物品算法[15]

假设用户集合为$\{u_1, u_2, \cdots, u_m\}$，物品集合为$\{o_1, o_2, \cdots, o_n\}$，所有物品的节

点度集合为$\{k(o_1),k(o_2),\cdots,k(o_n)\}$。按照节点度大小，GRM 算法将所有物品从大到小排序，向用户推荐节点度高的物品，例如，若所有物品的排序为$k(o_{i1})\geqslant k(o_{i2})\geqslant\cdots\geqslant k(o_{in})$，除去用户已购买物品外，算法将按照上述顺序向用户推荐前L个物品。

2. 协作过滤算法[15]

协作过滤算法基于用户以往购买历史，通过计算未购买物品与所有已购买物品的相似性，估计未购买物品被推荐的可能性。对于两个用户u_i和u_j，它们的余弦相似性定义[32,33]如下：

$$s_{ij}=\frac{1}{\sqrt{k(u_i)k(u_j)}}\sum_{l=1}^{n}a_{li}a_{lj} \tag{9-8}$$

在等式(9-8)的基础上，若用户u_i没有购买o_j，则预测用户u_i购买o_j的可能性v_{ij}为：

$$v_{ij}=\frac{\sum_{l=1,l\neq i}^{m}s_{li}a_{jl}}{\sum_{l=1,l\neq i}^{m}s_{li}} \tag{9-9}$$

对于用户u_i，CF 算法将v_{ij}从小到大排序，并取前L个物品推荐给用户u_i。

3. 基于二部图网络的推荐算法[27]

NBI 算法的介绍请参阅 9.3.1 节。

4. 基于异构资源分配的 NBI 算法[29]

通过考虑初始资源分配，HNBI 算法改进了 NBI 算法，认为物品的初始流行度越小，则这个物品越容易被个性化用户所喜爱，未来用户购买的可能性也越大。HNBI 的相似性权重为$w_{ij}^{\mathrm{HNBI}}=k(o_j)^{\beta}w_{ij}$，这里参数$\beta$是惩罚因子，用于惩罚那些流行度过高的物品，根据$w_{ij}^{\mathrm{HNBI}}$得到相似关系矩阵$\boldsymbol{W}^{\mathrm{HNBI}}=\{w_{ij}^{\mathrm{HNBI}}\}_{n\times n}$。如果用户$u_l$的购买历史向量为$\boldsymbol{f}_l=\{a_{li}\}$，则未来推荐物品向量为$\boldsymbol{f}_l'=\boldsymbol{W}^{\mathrm{HNBI}}\boldsymbol{f}_l$。

9.4 实验结果与分析

为了展示 CBI 算法和 UCBI 算法的准确性和有效性，本书引入了 4 个真实的电子商务数据 Movielens、Netflix、Amazon 和 Rate Your Music(RYM)，并且引入了推荐算法关于准确性、多样性和新奇性的 6 个度量指标，计算 CBI 算法和 UCBI 算法性能的同时，也计算了 4 个比较算法的性能，最后分析了算法推荐性能提升的原因。在实验数据构成的二部图网络中，所有可能的用户对象关系构成了总的连边集E^{A}，其中已存在的连边关系构成集合E。实验中，E被划分为包含 90%连边

的训练集 E^{T} 和 10%连边的测试集 E^{P}，$E^{P}\cap E^{T}=\varnothing$，$E^{P}\cup E^{T}=E$。这里需要强调一点，在实验中，测试集 E^{P} 中的购买关系连边被认为是未知信息，禁止在训练过程中使用，而补集 $\overline{E}$ 包含的是真实不存在的购买关系。

9.4.1　数据集

实验数据 Movielens、Netflix、Amazon 和 RYM 都是选自电子商务网站的真实数据，具有明显的实际意义。前两个数据分别来自于著名的电影推荐网站 www.grouplens.org 和 www.netflix.com，第三个来自于著名的在线购物网站 www.amazon.com，最后一个数据来自于音乐推荐网络 rateyourmusic.com。借助于用户对物品的评分，这些电子商务网站捕获用户喜好，然后向用户推荐合适的物品。在 Movielens、Netflix 和 Amazon 中，物品评分从 1 分到 5 分，3 分是分数界限，而 RYM 的评分从 1 分到 10 分，5 分是分数界限，并且只有当评分超过分数界限时，才会认为用户喜欢该物品。

在数据中，删除那些用户不喜欢的评分记录，得到最终的有效实验数据，详细信息如表 9-1 所示，从左向右分别表示数据集名称(Data)、用户数(Users)、物品数(Objects)、连边数(Links)和网络稀疏度(Sparsity)。

表 9-1　推荐实验数据集详细信息表

Data	Users	Objects	Links	Sparsity
Movielens	943	1 682	82 520	6.3×10^{-1}
Netflix	10 000	6 000	701 947	1.17×10^{-2}
Amazon	3 604	4 000	134 679	9.24×10^{-3}
RYM	33 786	5 381	613 387	3.37×10^{-3}

9.4.2　评价准则

个性化的推荐算法总是关注于 3 类性能：准确性、多样性和新奇性[8]。首先，准确性通常有 3 个指标：AUC、准确率和回调率。介绍如下。

1. AUC

算法是否能区分相关物品(用户喜好物品)与不相关物品(用户不喜好物品)，这个能力由 AUC 来衡量。计算方法如下。

对于任意用户 u_i，算法给出 E_i^{P} 和$\overline{E_i}$中连边的可能性值，在此基础上，随机从 E_i^{P} 和$\overline{E_i}$中各取一条边，如果前者中的连边可能性值高于后者中的连边，则累计 1 分，若两者相等累计 0.5 分，否则不计分。为了可靠测试算法的准确性能，需要抽取 n 次(不小于 1 000 000 次)。如果在 n 次抽取中，有 n'次累计 1 分，n''次累计 0.5

分，则对于用户 u_i，AUC 性能值为：

$$\mathrm{AUC}_i=\frac{n'+0.5n''}{n} \tag{9-10}$$

当得到每个用户的 AUC 度量后，算法整体的 AUC 度量为：

$$\mathrm{AUC}=\frac{1}{|U|}\sum_{i\in U}\mathrm{AUC}_i \tag{9-11}$$

在等式(9-11)中，$|U|$ 表示用户集合 U 中的用户数。

2. 准确率

对每个用户长度为 L 的推荐列表，准确率用来衡量其包含 E^{P} 连边的比例，假定 N_f 表示测试集中属于用户 u_j 的连边数，则用户 u_j 的准确率 $P_j(L)$ 为 $\frac{N_j}{L}$，则整个算法的准确率 P 为每个用户准确率的平均：

$$P=\frac{1}{m}\sum_{j=1}^{m}P_j(L) \tag{9-12}$$

3. 回调率

回调率指的是当推荐列表长度为 L 时，在所有用户推荐列表中，命中的连边数占测试集的比例定义如下：

$$\mathrm{Recall}(L)=\frac{l}{|E^P|} \tag{9-13}$$

其次，个性化推荐算法需要推荐给用户尽可能丰富的物品，不仅推荐给单一用户的物品要具有多样性，同时推荐给不同用户的物品也要有差异性，因此从两个方面研究推荐算法的多样性：一方面是单一用户物品之间的内部相似性，另一方面是不同用户推荐列表的汉明距离。介绍如下。

4. 内部相似性

对于任意目标用户 u_l，若其推荐物品列表为$\{o_1,o_2,\cdots,o_L\}$，则其中两个物品 o_i 和 o_j 的相似性为：

$$s_{ij}^{\mathrm{o}}=\frac{1}{\sqrt{k(o_i)k(o_j)}}\sum_{l=1}^{m}a_{il}a_{jl} \tag{9-14}$$

在等式(9-14)中，$k(o_i)$表示物品 o_i 的度值，则对于用户 u_l，其推荐列表内部相似性为：

$$I_l=\frac{1}{L(L-1)}\sum_{i\neq j}s_{ij}^{\mathrm{o}} \tag{9-15}$$

整个算法的推荐列表内部相似性为：

$$I=\frac{1}{|U|}\sum_{l\in U}I_l \tag{9-16}$$

5. 汉明距离

推荐列表长度为 L，若用户 u_i 和 u_j 的推荐列表中有 Q 个物品是重复的，则这两个用户之间的汉明距离是：

$$H_{ij} = 1 - \frac{Q}{L} \tag{9-17}$$

进一步，将任意两个用户之间的汉明距离进行平均，得到算法整体的汉明距离：

$$H = \frac{1}{|U|(|U|-1)} \sum_{i \neq j} H_{ij} \tag{9-18}$$

对于算法而言，单一用户推荐列表的内部相似性越小越好，而对于不同用户的推荐列表，汉明距离越大越好，表明推荐物品重复性越小，多样性越优异。个性化推荐算法除了准确性、多样性之外，还有一个重要的指标新奇性，用推荐物品的平均流行度表示，如果推荐物品的平均流行度很低，则新奇性较高，介绍如下。

6. 新奇性

推荐算法要求推荐列表个性化，推荐的物品应该符合用户的个性化喜好，表现为较低的流行度，用推荐物品的平均度 $\langle k \rangle$ 表示，假设 o_{ij} 表示给用户 u_i 推荐的第 j 个物品，L 表示推荐列表长度，定义新奇性如下：

$$\langle k \rangle = \frac{1}{|U| L} \sum_{i=1}^{|U|} \sum_{j=1}^{L} k(o_{ij}) \tag{9-19}$$

9.4.3 结果与分析

为了估计算法性能，计算 6 个重要指标[8]：用于度量准确性的 ROC 曲线下面积(AUC)、准确率和回调率；用户度量多样性的内部相似性和不同推荐列表之间的汉明距离；用户度量新奇性的平均流行度(Average Degree，$\langle k \rangle$)。对于内部相似性 I 和平均流行度 $\langle k \rangle$ 而言，值越小说明推荐性能越好，而剩余指标是值越大性能越好。CBI 算法、UCBI 算法和对比算法的性能比较如表 9-2 所示。

表 9-2 内所有数值都是各个算法的最优性能，并且最佳性能用粗体字表示。从所有数据集上的度量值可以看出，CBI 算法明显优于 4 个经典的因果性对比算法，而且 UCBI 又进一步全面改进了 CBI 算法的性能。作为对表 9-2 的直观补充，在图 9-3 中通过变换推荐列表的长度 L，画出了 CBI 算法、UCBI 算法与 4 个经典因果性对比算法的 Precision-Recall 曲线图。

曲线越接近右上方，说明算法越准确。如图 9-3 所示，对于所有数据集，从左下到右上，Precision-Recall 曲线都显示出同样的准确性顺序，即 GRM＜CF＜NBI＜HNBI＜CBI＜UCBI，这一现象明显地支撑了表 9-2 的结果，直观地表明了算法的优劣性。

表 9-2　CBI 算法、UCBI 算法和对比算法的性能比较表

算法		AUC	P	Recall	I	H	$\langle k \rangle$
在 Movielens 上进行实验的算法	GRM 算法	0.856 9(0.002 3)	0.050 8(0.000 7)	0341 9(0.000 8)	0.408 5(0.001 0)	0.399 1(0.000 7)	259(0.441 0)
	CF 算法	0.899 0(0.002 0)	0.063 8(0.001 1)	0.422 7(0.000 9)	0.375 8(0.000 8)	0.579 6(0.001 6)	242(0.372 4)
	NBI 算法	0.909 3(0.001 6)	0.067 0(0.001 1)	0.443 1(0.000 9)	0.355 4(0.000 8)	0.618 5(0.001 3)	234(0.392 5)
	HNBI 算法	0.914 5(0.001 4)	0.069 3(0.001 1)	0.458 4(0.001 0)	0.339 2(0.000 9)	0.688 6(0.001 1)	219(0.472 5)
	CBI 算法	0.924 9(0.001 1)	0.070 5(0.001 1)	0.465 1(0.000 9)	0.334 8(0.000 7)	0.687 7(0.000 5)	218(0.303 4)
	UCBI 算法	**0.933 9(0.001 3)**	**0.081 6(0.001 2)**	**0.533 4(0.000 7)**	**0.306 7(0.000 8)**	**0.819 1(0.000 1)**	**176(0.127 0)**
在 Netflix 上进行实验的算法	GRM 算法	0.810 1(0.002 8)	0.016 0(0.000 2)	0.076 6(0.000 3)	0.358 0(0.002 1)	0.162 7(0.000 4)	520(1.340 2)
	CF 算法	0.871 4(0.002 1)	0.023 5(0.000 3)	0.110 3(0.000 4)	0.310 6(0.000 9)	0.678 7(0.001 0)	423(1.280 3)
	NBI 算法	0.885 8(0.001 9)	0.025 1(0.000 3)	0.118 2(0.000 4)	0.281 9(0.000 8)	0.729 9(0.000 6)	398(1.076 3)
	HNBI 算法	0.887 7(0.002 0)	0.027 0(0.000 4)	0.126 5(0.000 5)	0.240 5(0.000 6)	0.879 0(0.000 3)	312(0.685 5)
	CBI 算法	0.905 6(0.001 4)	0.026 8(0.000 4)	0.126 0(0.000 5)	0.214 2(0.000 5)	0.831 4(0.000 3)	316(0.904 4)
	UCBI 算法	**0.917 3(0.001 2)**	**0.039 0(0.000 3)**	**0.180 6(0.000 1)**	**0.168 3(0.000 3)**	**0.934 6(0.000 3)**	**215(0.143 0)**
在 Amazon 上进行实验的算法	GRM 算法	0.640 9(0.002 9)	0.003 6(0.000 08)	0.072 7(0.000 09)	0.070 9(0.000 6)	0.058 4(0.000 1)	133(0.3)
	CF 算法	0.881 0(0.001 7)	0.015 6(0.000 1)	0.297 1(0.000 1)	0.092 7(0.000 1)	0.864 9(0.000 8)	81(0.193 8)
	NBI 算法	0.884 4(0.001 8)	0.016 1(0.000 1)	0.305 0(0.000 1)	0.089 9(0.000 1)	0.861 9(0.000 6)	81(0.177 5)
	HNBI 算法	0.884 4(0.001 8)	0.016 3(0.000 1)	0.307 9(0.000 1)	0.089 6(0.000 1)	0.865 2(0.000 6)	81(0.168 9)
	CBI 算法	0.893 7(0.001 8)	0.018 6(0.000 2)	0.349 9(0.000 2)	0.088 1(0.000 2)	0.941 3(0.000 2)	59(0.108 8)
	UCBI 算法	**0.894 4(0.000 5)**	**0.018 9(0.000 1)**	**0.354 8(0.000 1)**	**0.086 1(0.000 2)**	**0.965 0(0.000 2)**	**48(0.180 0)**
在 RYM 上进行实验的算法	GRM 算法	0.878 6(0.000 1)	0.003 4(0.000 01)	0.115 3(0.000 02)	0.133 4(0.000 3)	0.070 1(0.000 07)	1 343(0.426 8)
	CF 算法	0.954 8(0.000 1)	0.012 9(0.000 03)	0.418 5(0.000 03)	0.160 4(0.000 06)	0.821 6(0.000 01)	1 114(0.589 5)
	NBI 算法	0.961 1(0.000 1)	0.013 1(0.000 06)	0.425 1(0.000 05)	0.158 0(0.000 1)	0.791 2(0.000 08)	1 195(0.706 1)
	HNBI 算法	0.964 4(0.000 1)	0.013 5(0.000 05)	0.438 8(0.000 05)	0.154 8(0.000 08)	0.811 3(0.000 01)	1 154(0.565 4)
	CBI 算法	0.969 2(0.000 1)	0.014 3(0.000 04)	0.464 7(0.000 03)	0.136 2(0.000 05)	0.830 2(0.000 02)	1 075(0.565 4)
	HCBI 算	**0.970 4(0.000 2)**	**0.015 2(0.000 01)**	**0.493 7(0.000 02)**	**0.120 7(0.000 01)**	**0.873 9(0.000 03)**	**919(0.290 0)**

注：数字表示对应指标的平均值，括号中的数字表示其标准差。

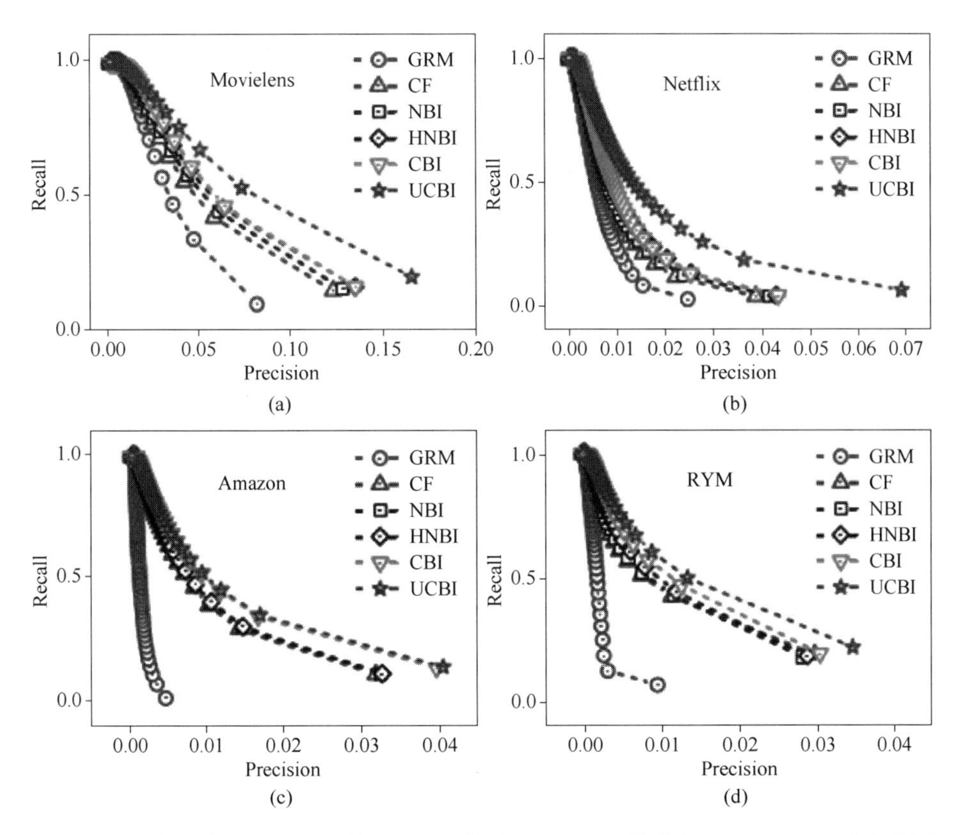

图 9-3　4 个真实数据集上，CBI 算法、UCBI 算法和 4 个对比算法的 Precision-Recall 曲线图

为了探索 UCBI 算法对参数的敏感性，通过固定参数 α 改变 β，图 9-4 画出了一些代表性曲线。在图中，三角形代表 UCBI 算法的最优值，五角星代表 CBI 算法的性能值，可以看出，UCBI 算法的性能结果都明显优于 CBI 算法。除此之外，需要通过研究(α,β)的最优参数(α^*，β^*)来分析两个推荐方向的影响力强弱〔参看图 9-4(e)和图 9-4(f)〕，从图中可以直观地发现，对所有数据集，最优 α 参数 α^* 都明显高于最优 β 参数 β^*，这说明相比于后向推荐的影响力，前向推荐的影响力明显较高。在 4 个数据集中，对应 UCBI 算法 AUC 和 Precision 最优性能的 α^* 和 β^* 参数如表 9-3 所示。

表 9-3　4 个数据集中 UCBI 算法对应于 AUC 和 Precision 最优性能的 α^* 和 β^* 参数表

Data	α^*_{AUC}	β^*_{AUC}	α^*_P	β^*_P
Movielens	0.79	0.51	0.70	0.34
Netflix	0.85	0.60	0.52	0.14
Amazon	0.83	0.71	1.07	0.99
RYM	0.86	0.73	0.94	0.71

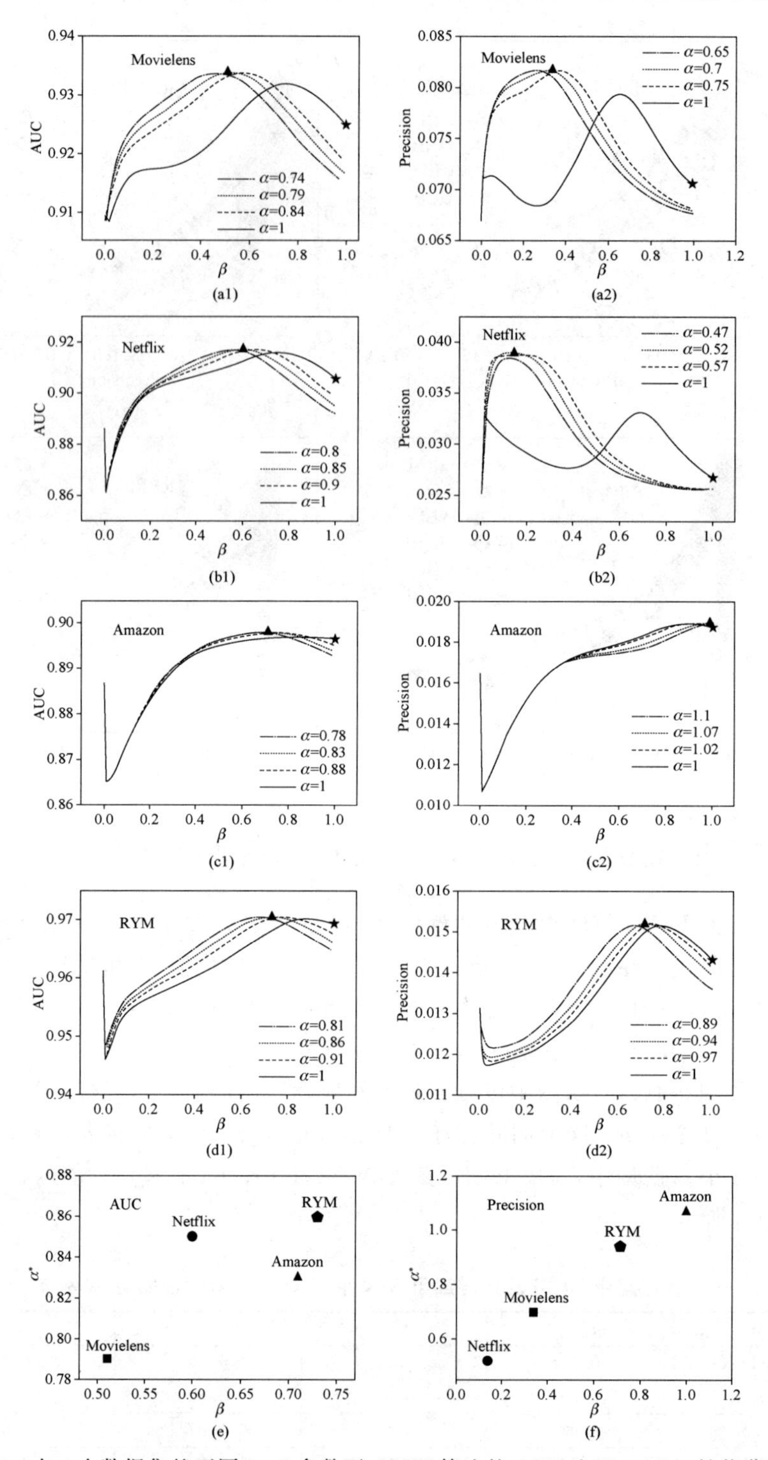

图 9-4　在 4 个数据集的不同(α,β)参数下，UCBI 算法的 AUC 和 Precision 性能曲线图

分析基于一致性推荐的CBI算法、UCBI算法与因果性算法的区别，可以发现，虽然在二部图网络中，这些推荐算法是链路预测问题的演变[34,35]，但是它们的推荐决策过程却有巨大差别。例如，相比于昂贵物品上的点击流，在便宜物品上的点击流所表现出的决策模式是不同的，并且用户的选择通常会包含难以琢磨的偏好，可能是固有偏好，也可能是由于他人的选择或评价，引起的从众行为[36,37,38]。因此，因果性关系并不能完全解释用户的选择行为。在一个基于因果性的推荐系统中，假如目标用户已经选择了对象A，并且需要在两个候选对象B和B′中作出下一步选择时，系统将会通过比较从A推荐B和从A推荐B′的可能性，向用户进行推荐，而在本书中，CBI算法和UCBI算法认为，作出决策的根据不应该是先后的因果关系，应该是用户的一致性喜好。因此，除了类似于因果推荐的比较过程之外，还应该关注从B到A和从B′到A推荐的可能性。总而言之，只有当从A到B和从B到A的推荐强度都很强时，才认为目标用户一致性喜爱物品A和B。

根据在4个数据集上的扩展实验，可以发现一致性喜好的考虑明显优于因果性决策，极大地提高了推荐的准确性、多样性和新奇性。不仅如此，实验结果也说明，在一致性推荐算法CBI之外引入非平衡一致性推荐算法UCBI，又进一步提高了算法的推荐性能，而且发现从A到B和从B到A的推荐强度是不相等的，前者的强度要高于后者(参看表9-3)。

9.5 本章小结

本章重点研究了基于一致性的推荐算法建模。传统推荐算法将推荐系统建模为二部图网络，并在网络中基于拓扑特性构建推荐算法模型，并且大多数方法都是基于因果相似性构建模型，如经典的GRM算法、CF算法、NBI算法、HNBI算法等。虽然它们在实际应用中取得了较好的推荐性能，但是在进一步的研究中发现，大部分时候，用户选购物品的内心决策过程是很复杂的，可能是固有偏好，也可能是由于他人的选择或评价而引起的从众行为，因此，仅考虑因果性关系并不能完全解释用户的选择行为。而实际中，用户购买物品的本质原因是对于物品的一致性喜爱，只有当两个物品相互推荐的强度都很大时，才能说明用户对两个物品的一致性喜爱程度很高，本书据此提出了CBI算法，并且在实验中取得了较好的推荐性能，不仅如此，在研究中还发现，即使用户对两个物品一致性喜爱，但喜爱程度也有差别，应该在一致性推荐算法的基础上，引入非平衡一致性推荐算法，在实验的验证中，UCBI算法又进一步提升了推荐的准确性、多样性和新奇性。

此外，从本章的研究发现，前向推荐强度明显高于后向推荐强度，不仅如此，在

CBI 算法和 UCBI 算法中，从未选择物品推荐已选择物品的思考是一个全新的思路，将会对未来研究提供有价值的思想和线索。

9.6 研究思考

本章从相似性链路预测角度出发，基于物质扩散理论，考虑用户偏好一致性，克服了传统因果性推荐的不足，提高了推荐的准确性、多样性和新奇性，并且进一步研究了正反双向相似性的影响强度。

读者可以从以下角度进一步思考。①本章提出了一致性偏好的概念，打破了传统基于时间因果性推荐的局限，但是本章的构建模型是否最优，是否存在更好的一致性建模方法，仍然值得进一步研究。②通过前几章链路预测算法的研究，可以知道，影响链路预测相似性的因素包括端点影响力和路径传递能力。本章对物品相似性的估计模型主要考虑的是路径上物质资源的传递，对于物品资源并未涉及，可以通过考虑物品资源的建模进一步改进算法模型。③本章提出的一致性概念是一个具有普适意义的概念，传统的基于因果性的推荐算法都可以进行一致性改进，读者可以从这个角度进一步研究。

本章参考文献

[1] Zhang G Q, Yang Q F, Cheng S Q, et al. Evolution of the Internet and its cores [J]. New Journal of Physics, 2008, 10 (12): 123027.

[2] Pastor-Satorras R, Vespignani A. Evolution and structure of the Internet: a statistical physics approach [M]. New York: Cambridge University Press, 2004.

[3] Broder A, Kumar R, Maghoul F, et al. Graph structure in the web [J]. Computer Networks, 2000, 33(1): 309-320.

[4] Doan A, Ramakrishnan R, Halevy A Y. Crowdsourcing systems on the world-wide web [J]. Communications of the ACM, 2011, 54(4): 86-96.

[5] Goggin G. Cell phone culture: mobile technology in everyday life [M]. New York: Routledge, 2006.

[6] Zheng P, Ni L. Smart Phone and Next Generation Mobile Computing [M]. Amsterdam: Elsevier Science, 2010.

[7] Resnick P, Varian H R. Recommender systems[J]. Communications of the ACM, 1997, 40 (3): 56-58.

[8] Lü L Y, Medo M, Yeung C H, et al. Recommender systems [J]. Physics Reports, 2012, 519(1): 1-49.

[9] Linden G, Smith B, York J. Amazon. com recommendations: item-to-item collaborative filtering [J]. IEEE Internet Computing, 2003(7): 76-80.

[10] Qian X, Feng H, Zhao G, et al. Personalized recommendation combining user interest and social circle [J]. Knowledge and Data Engineering, IEEE Transactions on, 2014, 26 (7): 1763-1777.

[11] Moerchen F, Mierswa I, Ultsch A. Understandable models of music collections based on exhaustive feature generation with temporal statistics[C]// Proceedings of the 12th ACM SIGKDD International Conference on Knowledge Discovery and Data Mining. Philadelphia: ACM, 2006: 882-891.

[12] Anderson C. The Long Tail: Why the Future of Business Is Selling Less of More [M]. New York: Hyperion Books, 2008.

[13] Brynjolfsson E, Hu Y J, Smith M D. Consumer surplus in the digital economy: estimating the value of increased product variety at online booksellers [J]. Management Science, 2003, 49 (11): 1580-1596.

[14] Schafer J B, Konstan J, Riedl J. Recommender systems in e-commerce [C]// Proceedings of the 1st ACM Conference on Electronic Commerce. Denver: ACM, 1999: 158-166.

[15] Herlocker J L, Konstan J A, Terveen L G, et al. Evaluating collaborative filtering recommender systems [J]. ACM Transactions on Information Systems (TOIS), 2004, 22 (1): 5-53.

[16] Pazzani M J, Billsus D. Content-based recommendation systems[C]//The Adaptive Web. Berlin Heidelberg: Springer-Verlag, 2007: 325-341.

[17] Trewin S. Knowledge-based recommender systems [J]. Encyclopedia of Library and Information Science, 2000, 69(32): 180-200.

[18] Petridou S G, Koutsonikola V A, Vakali A I, et al. Time-aware web users' clustering [J]. Knowledge and Data Engineering, IEEE Transactions on, 2008, 20 (5): 653-667.

[19] Zhang Z K, Zhou T, Zhang Y C. Tag-aware recommender systems: a state-of-the-art survey [J]. Journal of Computer Science and Technology, 2011, 26 (5): 767-777.

[20] Ma H, Yang H X, Lyu M R, et al. Sorec: social recommendation using probabilistic matrix factorization[C]// Proceedings of the 17th ACM Conference on Information and Knowledge Management. Napa Valley: ACM, 2008: 931-940.

[21] Felfernig A, Burke R . Constraint-based recommender systems: technologies and research issues[C]//Proceedings of the 10th International Conference on Electronic Commerce. New York: ACM, 2008.

[22] Maslov S, Zhang Y C. Extracting hidden information from knowledge networks [J]. Physical Review Letters, 2001, 87 (24): 248701.

[23] Ren J, Zhou T, Zhang Y C. Information filtering via self-consistent refinement [J]. EPL (Europhysics Letters), 2008, 82 (5): 58007.

[24] Goldberg K, Roeder T, Gupta D, et al. Eigentaste: a constant time collaborative filtering algorithm [J]. Information Retrieval, 2001, 4 (2): 133-151.

[25] Zhou T, Kuscsik Z, Liu J G, et al. Solving the apparent diversity-accuracy dilemma of recommender systems[J]. Proceedings of the National Academy of Sciences (USA), 2010, 107 (10): 4511-4515.

[26] Zhang Y C, Medo M, Ren J, et al. Recommendation model based on opinion diffusion[J]. EPL, 2007, 80 (6): 68003.

[27] Zhou T, Ren J, Medo M, et al. Bipartite network projection and personal recommendation [J]. Physical Review. E Statistical, Nonlinear, and Soft Matter Physics, 2007, 76 (4): 046115.

[28] Zhang Y C, Blattner M, Yu Y K. Heat conduction process on community networks as a recommendation model [J]. Physical Review Letters, 2007, 99(15): 154301.

[29] Zhou T, Jiang L L, Su R Q, et al. Effect of initial configuration on network-based recommendation [J]. EPL (Europhysics Letters), 2008, 81(5): 58004.

[30] Zhou T, Su R Q, Liu R R, et al. Accurate and diverse recommendations via eliminating redundant correlations[J]. New Journal of Physics, 2009, 11 (12): 123008.

[31] Liu J G, Zhou T, Wang B H, et al . Effects of user's tastes on personalized recommendation [J]. International Journal of Modern Physics C, 2009, 20 (12): 1925-1932.

[32] Liben-Nowell D, Kleinberg J. The link-prediction problem for social networks [J]. Journal of the American Society for Information Science and Technology, 2007, 58(7): 1019-1031.

[33] Zhou T, Lü L Y, Zhang Y C. Predicting missing links via local information [J]. European Physical Journal B, 2009, 71 (4): 623-630.

[34] Lü L Y, Zhou T. Link prediction in complex networks: a survey [J].

Physica A: Statistical Mechanics and Its Applications, 2011, 390 (6): 1150-1170.

[35] Shang M S, Lü L Y, Zhang Y C, et al. Empirical analysis of web-based user-object bipartite networks[J]. EPL, 2010 (90): 48006.

[36] Chen L, Pu P. Critiquing-based recommenders: survey and emerging trends [J]. User Modeling and User-Adapted Interaction, 2012 (22): 125-150.

[37] Yang Z, Zhang Z K, Zhou T. Anchoring bias in online voting[J]. EPL (Europhysics Letters), 2012, 100(6): 68002.

[38] Huang J, Cheng X Q, Shen H W, et al. Exploring social influence via posterior effect of word-of-mouth recommendations [C]// Proceedings of the Fifth ACM International Conference on Web Search and Data Mining. Seattle: ACM, 2012: 573-582.

第10章　基于一致性冗余删除的协作推荐算法

上一章介绍了传统基于物质扩散理论的一致相似性协作推荐算法，由于仅考虑从已购买物品到未购买物品的单向相似性，导致了相似性估计的偏差，同时考虑从未购买物品到已购买物品的反向相似性，构建一致性推荐可以有效降低估计偏差。但是，推荐算法的相似性指标常常遭受来自物品间属性相关性导致的相似性冗余，严重影响相似性推荐的准确性、多样性和新奇性。因此考虑二部图上物质扩散模型，本章提出基于一致性的冗余删除相似性指标[1]，通过在 Movilens、Netflix 和 Amazon 数据集上的大量实验，结果证明提出的算法指标在准确性、多样性和新奇性方面明显优于经典算法。

10.1　研究背景

以往，人们要选购自己喜欢的物品，需要到许多商店挑选。由于自身能力限制，人们能去的商店数量和地理范围很有限。因此，即使去过很多商店，人们也不一定能挑选到自己喜爱的物品。随着信息技术（如因特网[2,3]、Web 技术[4,5]和智能终端[6,7]）的出现，人们购买喜爱的物品仅仅需要上网点几下鼠标就能轻松完成。但是人们有限的信息处理能力无法在海量信息中快速有效地检索到所需要的信息[9]，即使有搜索引擎的存在，很多情况下，人们的个性化需求难易以准确的词汇表达，仍然无法实现有效检索。个性化推荐的目标是向用户推荐适合其偏好的物品，主要基于用户历史购买记录、物品特征、用户的个性化信息等重要因素。当今，推荐系统已经成功应用于众多的电子商务网站中，如亚马逊在线商城[10]、Twitter 在线交友网站[11]、AdaptiveInfo 新闻推荐网站[12]以及 TiVo 电视推荐网站[13]。

10.2　问题描述

在二部图网络中，两个物品如果同时被一个用户购买，那么它们就被认为是相似的，被越多的用户同时选择，那么它们就越相似。但是，在真实网络中，用户和物品构成的二部图具有稀疏性和异构性，物品对之间的相似性估计会存在高估或者低估的估计偏差，而这种估计偏差会反过来影响物品推荐的准确性。基于本书前边的研究，使用反向相似性修正传统的单向相似性估计，可以有效缓解估计偏差，提高推荐准确性。但是，经过深入研究发现，二部图上基于物质扩散理论的相似性推荐本质上存在高阶相似性冗余，而且这种高阶冗余性在正向和反向相似性估计中都存在，反向相似性对正向相似性进行修正的同时又进一步加重了高阶冗余性。因此，本章提出了修正的冗余删除相似性指标（Corrected Redundancy-Eliminating similarity index，CRE），可以在修正的同时降低冗余相似性的干扰，提高推荐的多样性和新奇性。

10.3　修正冗余删除推荐算法

10.3.1　相似性估计偏差现象

传统物质扩散模型和相似性偏差如图 10-1 所示，在图 10-1(a) 中物品对 $\{o_1, o_2\}$ 和 $\{o_1, o_3\}$ 仅仅被用户 u_2 同时选择，那么从 o_1 到 o_2 的相似性应该和从 o_1 到 o_3 的相似性相同，基于物质扩散算法 NBI 可以算得从已购买物品到未购买物品间的相似性矩阵 $\boldsymbol{W}$[31]。如图 10-1(b) 中的 $w_{21} = w_{31}$，但是这个结果存在估计偏差。

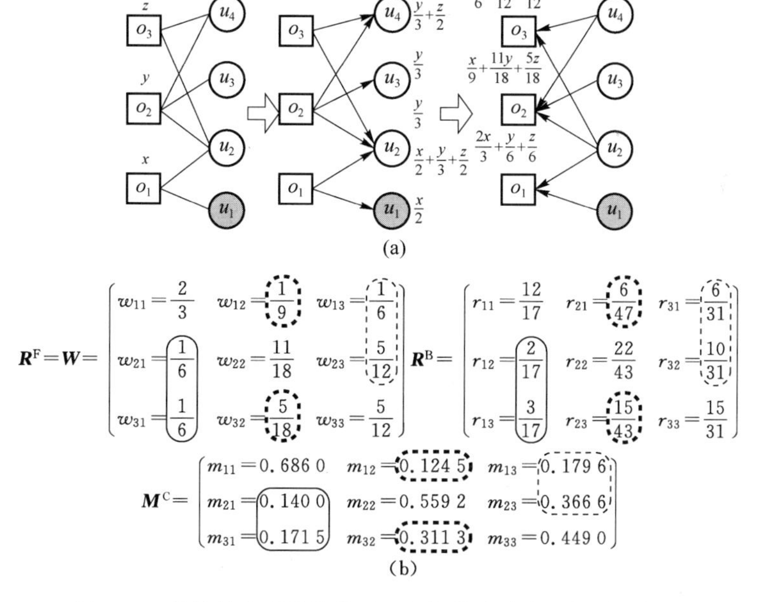

图 10-1　传统的物质扩散模型及相似性估计偏差问题示意图

在物质扩散中，任何一个物品与其他物品间相似性的统计和应该为 1。在所有选择物品 o_2 的用户中，仅仅有一个用户同时选择了 o_1。选择 o_3 的两个用户中只有一个同时选择了 o_1。因此，对于 o_2，o_1 与它的相似性仅仅是 1/3，对于 o_3，o_1 与它的相似性是 1/2。也就是说，从 o_2 和 o_3 的角度看与 o_1 的相似性与从 o_1 的角度看与 o_2 和 o_3 的相似性是不同的，相似性估计出现了偏差。在图 10-1(b)中，通过求原始相似性矩阵 $\boldsymbol{W}$ 的转置矩阵 $\boldsymbol{W}^{\mathrm{T}}$ 然后进行列归一，可以看出 $r_{12} \neq r_{13}$，并且 $w_{21} > r_{12}$，说明出现了相似性高估，$w_{31} < r_{13}$ 说明出现了相似性低估。通过以往 CSI[35] 算法，使用反向相似性修正正向相似性可以缓解相似性估计偏差。

10.3.2 相似性冗余问题

由于以往的 CSI 算法以 NBI 算法为基础，所以仍然存在高阶相似性冗余的问题[31]。根本上讲，物品之间的相似性来源于物品属性间的相似性。换句话说，物品间的相似性可能来源于物品间多样属性间的相似性，也可能来源于物品间单一属性的相似性。前者相似性能有效促进推荐的多样性和个性化，而后者将严重影响推荐的多样性，甚至是准确性。以图 10-2 为例，A、B、D、E 代表已购买物品，C 和 F 代表未购买物品。所有的 5 条连边代表两个物品间的相关性。这些连边都来自于一个相同的公共属性，因此每条连边都有相似的权重，这里不妨设为 1。因为 C 和 F 分别都有两个相似的已购买物品，它们的相似性分数都是 2。但是 对于 C 物品而言，它和两个已购买物品之间的相似性来源于两个完全不同的属性：颜色(绿色)和图形(菱形)。相比之下，物品 F 只有一个相似的属性颜色(绿色)。很明显，除了 D-F 之间的直接绿色相似性属性之外，还有 D-E-F 的间接绿色相似性属性。因此可以看出 D 和 F，或者是 E 和 F 之间不仅存在一阶相似性，还存在二阶相似性。这种冗余的相似性将会影响推荐的多样性、新奇性和准确性。

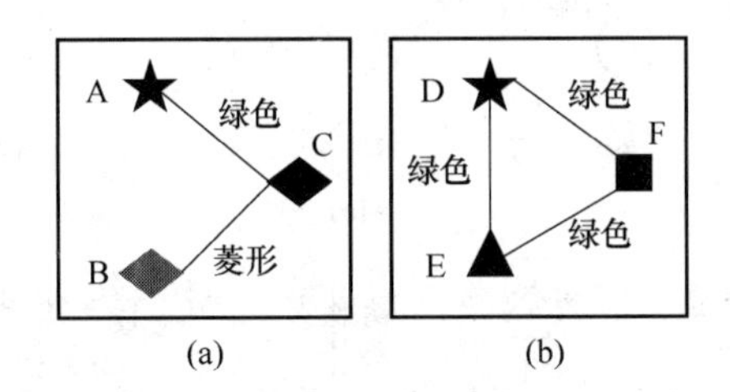

图 10-2　相似性冗余示意图

10.3.3 修正冗余删除相似性指标 CRE

导致相似性估计偏差的根本原因是在稀疏和异构的二部图上的非对称物质扩散。更加具体地讲，只有当前向相似性和后向相似性一致的情况下，才能说明两个物品是相似的。因此，依照CSI模型，首先定义修正相似性矩阵$\boldsymbol{M}^{\mathrm{C}}=\{m_{ij}\}$为：

$$m_{ij} = \sqrt{r_{ij}^{\mathrm{F}} \times r_{ji}^{\mathrm{B}}} \tag{10-1}$$

这里r_{ij}^{F}和r_{ji}^{B}分别是$\boldsymbol{R}^{\mathrm{F}}$和$\boldsymbol{R}^{\mathrm{B}}$的元素，其计算方法参考CSI模型。如图10-1(b)所示，实线框中是原始的单向物质扩散相似性估计w_{21}和w_{31}，通过r_{12}和r_{13}的定义，它们分别被修正为m_{21}和m_{31}。通过对比m_{21}和m_{31}，可以看到明显的相似性估计差异，有效地解决了原始相似性高估和低估的问题。同时，原始相似性估计中能正确表示差异的估计值，通过修正后仍然能保持清晰的差异性，如虚线框所对应估计值的情况。

除了原始相似性估计偏差问题之外，来源于已购买物品间公共属性的冗余相似性是另一个需要解决的关键问题。例如，物品D和E之间由于颜色(绿色)的公共属性，那么已购买物品D和未购买物品F之间除了D-F的一阶相似性外，还存在D-E-F的物质扩散通路，也就是说，D和F之间存在二阶相似性。但是相比之下，已购买物品A和未购买物品C之间有一阶相似性颜色(绿色)，但是A和B之间没有相关性，即不存在A-B-C的物质扩散通路，也就不存在二阶相似性。除了上述的单向物质扩散带来的高阶相似性，相似性修正带来的叠加效应将会加剧整体的相似性冗余。

因此，在修正相似性之后，需要尽量消除相似性冗余，尤其是高阶相似性冗余，进而删除高阶冗余后的相似性矩阵$\boldsymbol{S}^{\mathrm{CRE}}$定义如下：

$$\boldsymbol{S}^{\mathrm{CRE}}=\boldsymbol{M}^{\mathrm{C}}+\alpha[\boldsymbol{M}^{\mathrm{C}}]^2 \tag{10-2}$$

这里α取负数并且在不同网络中自我调节，实现最优的冗余删除，$[\boldsymbol{M}^{\mathrm{C}}]^2$表示二阶矩阵。

假如一个用户的历史选择向量为$\boldsymbol{f}$，那么基于修正的冗余删除相似性协作推荐结果$\boldsymbol{f}'=\boldsymbol{S}^{\mathrm{CRE}}\boldsymbol{f}$。

10.3.4　对比算法

为了展示CRE算法的性能优势，本章列出了5个经典的对比算法：协作过滤算法、基于二部图网络的推荐算法、基于异构资源分配的NBI算法、基于冗余删除的RENBI算法以及相似性修正CSI算法。具体介绍如下。

1. 协作过滤算法[27]

协作过滤算法基于用户以往购买历史，通过计算未购买物品与所有已购买物品的相似性，估计未购买物品被推荐的可能性。对于两个用户u_i和u_j，它们的余弦相似性定义[32,33]如下：

$$s_{ij} = \frac{1}{\sqrt{k(u_i)k(u_j)}}\sum_{l=1}^{n} a_{li}a_{lj} \tag{10-3}$$

在等式(10-3)的基础上，若用户 u_i 没有购买 o_j，则预测用户 u_i 购买 o_j 的可能性 v_{ij} 为：

$$v_{ij} = \frac{\sum_{l=1,l\neq i}^{m} s_{li} a_{jl}}{\sum_{l=1,l\neq i}^{m} s_{li}} \tag{10-4}$$

对于用户 u_i，CF 算法将 v_{ij} 从小到大排序，并取前 L 个物品推荐给用户 u_i。

2. 基于二部图网络的推荐算法[30]

基于二部图网络拓扑结构，用 NBI 物质扩散理论计算物品间相似性。对于一个一般的用户物品网络，物品间的相似性矩阵 $\boldsymbol{W}^{\mathrm{NBI}}=\{w_{ij}^{\mathrm{NBI}}\}$ 定义如下：

$$w^{\mathrm{NBI}} = \frac{1}{k(o_j)} \sum_{l=1}^{m} \frac{a_{il} a_{jl}}{k(u_l)} \tag{10-5}$$

这里 $k(o_j) = \sum_{i=1}^{m} a_{ji}$ 表示物品 o_j 的购买用户数，$k(u_l) = \sum_{i=1}^{n} a_{il}$ 表示用户 u_l 购买的物品数。假如用户的历史购买向量为 $\boldsymbol{f}$，那么未来向用户推荐的物品向量为 $\boldsymbol{f}' = \boldsymbol{W}^{\mathrm{NBI}} \boldsymbol{f}$。

3. 基于异构资源分配的 NBI 算法

通过考虑初始资源分配，HNBI 算法改进了 NBI 算法，认为物品的初始流行度越小，则这个物品越容易被个性化用户所喜爱，未来用户购买的可能性也越大，HNBI 算法的相似性权重为 $w_{ij}^{\mathrm{HNBI}}=k(o_j)^{\beta} w_{ij}$，这里参数 β 是惩罚因子，用于惩罚那些流行度过高的物品，根据 w_{ij}^{HNBI} 得到相似关系矩阵 $\boldsymbol{W}^{\mathrm{HNBI}}=\{w_{ij}^{\mathrm{HNBI}}\}_{n\times n}$。如果用户 u_l 的购买历史向量为 $\boldsymbol{f}_l=\{a_{li}\}$，则未来推荐物品向量为 $\boldsymbol{f}'_l=\boldsymbol{W}^{\mathrm{HNBI}} \boldsymbol{f}_l$。

4. 基于冗余删除的 RENBI 算法[31]

基于 NBI 算法，RENBI 算法进一步考虑删除冗余相似性。假设 NBI 算法的物品间相似性矩阵为 $\boldsymbol{W}$，那么 RENBI 算法的物品间相似性矩阵为 $\boldsymbol{W}^{\mathrm{RENBI}}=\boldsymbol{W}+\alpha \boldsymbol{W}^2$，并且如果用户的历史购买记录向量为 $\boldsymbol{f}$，那么未来的推荐物品向量为 $\boldsymbol{f}' = \boldsymbol{W}^{\mathrm{RENBI}} \boldsymbol{f}$。

5. 相似性修正 CSI 算法[33]

基于 NBI 算法，CSI 算法进一步修正单向物品相似性，以缓解相似性估计偏差。假设 NBI 算法的物品间相似性矩阵为 $\boldsymbol{W}=\{w_{ij}\}$，则前向相似性比例为：

$$r_{ij}^{\mathrm{F}} = \frac{w_{ij}}{\sum_{i=1}^{n} w_{ij}} = w_{ij} \tag{10-6}$$

反向相似性比例为：

$$r_{ji}^{\mathrm{B}} = \frac{w_{ji}}{\sum_{j=1}^{n} w_{ji}} = r_{ji} \tag{10-7}$$

最终得到CSI算法物品相似性矩阵 $\boldsymbol{S}^{\mathrm{CSI}}=\{s_{ij}\}$ 为：

$$s_{ij}=\sqrt{r_{ij}^{\mathrm{F}}\times r_{ji}^{\mathrm{B}}} \tag{10-8}$$

如果用户已经购买物品向量为 $\boldsymbol{f}$，则未来推荐的物品向量为：

$$\boldsymbol{f}'=\boldsymbol{S}^{\mathrm{CSI}}\boldsymbol{f} \tag{10-9}$$

10.4 实验结果与分析

为了展示CBI算法和UCBI算法的准确性和有效性，本书引入了3个真实的电子商务数据Movielens、Netflix和Amazon，并且引入了推荐算法关于准确性、多样性和新奇性的6个度量指标，计算CRE算法性能的同时，也计算了5个比较算法的性能，最后分析了算法推荐性能提升的原因。在实验数据构成的二部图网络中，所有可能的用户对象关系构成了总的连边集 E^{A}，其中已存在的连边关系构成集合 E。实验中，E 被划分为包含90%连边的训练集 E^{T} 和10%连边的测试集 E^{P}，$E^{\mathrm{P}}\cap E^{\mathrm{T}}=\varnothing$，$E^{\mathrm{P}}\cup E^{\mathrm{T}}=E$。这里需要强调一点，在实验中，测试集 E^{P} 中的购买关系连边被认为是未知信息，禁止在训练过程中使用，而补集 $\overline{E}$ 包含的是真实不存在的购买关系。

10.4.1 数据集

实验数据Movielens、Netflix和Amazon都是选自电子商务网站的真实数据，具有明显的实际意义。前两个数据分别来自于著名的电影推荐网站www.grouplens.org和www.netflix.com，第三个来自于著名的在线购物网站www.amazon.com。借助于用户对物品的评分，这些电子商务网站捕获用户喜好，然后向用户推荐合适的物品。在Movielens、Netflix和Amazon中，物品评分从1分到5分，3分是分数界限，并且只有当评分超过分数界限时，才会认为用户喜欢该物品。

在数据中，删除那些用户不喜欢的评分记录，得到最终的有效实验数据，详细信息如表10-1所示，从左向右分别表示数据集名称(Data)、用户数(Users)、物品数(Objects)、连边数(Links)和网络稀疏度(Sparsity)。

表10-1 推荐实验数据集详细信息表

Data	Users	Objects	links	Sparsity
Movielens	943	1 682	1 000 000	6.3×10^{-1}
Netflix	10 000	6 000	701 947	1.17×10^{-2}
Amazon	3 604	4 000	134 679	9.24×10^{-3}

10.4.2 评价准则

个性化的推荐算法总是关注于3类性能:准确性、多样性和新奇性[15]。首先，准确性通常有3个指标:平均排分、AUC、准确率。介绍如下。

1. 平均排分

在所有未购买关系集 $E^{A}\backslash E^{T}$ 中，按降序排列评分，测试集中的用户物品关系会有一个位置，平均排分用来评估这个位置的靠前程度。假如在 E^{P} 中 o_i 被用户 u_j 购买，并且根据推荐可能性程度，在 u_j 未购买物品集合 O_j 中，购买关系 l_{ij} 的位置是 p_{ij}，我们可以算出用户 u_j 购买 o_i 的排分 $\text{rank}_{ij}=\frac{p_{ij}}{|O_j|}$，$|O_j|$ 表示集合 O_j 中的元素个数。最终将 E^{P} 中所有购买关系排分进行平均，得到平均排分 $\langle r\rangle$ 为:

$$\langle r\rangle=\frac{\sum\limits_{l_{ij}\in E^{P}}\text{rank}_{ij}}{|E^{P}|} \tag{10-10}$$

在等式(10-10)中，$|E^{P}|$ 表示测试集中购买关系形成的连边个数。

2. AUC

算法是否能区分相关物品(用户喜好物品)与不相关物品(用户不喜好物品)，这个能力由AUC来衡量。计算方法如下。

对于任意用户 u_i，算法给出 E_i^{P} 和 $\overline{E_i}$ 中连边的可能性值，在此基础上，随机从 E_i^{P} 和 $\overline{E_i}$ 中各取一条边，如果前者中的连边可能性值高于后者中的连边，则累计1分，若两者相等累计0.5分，否则不计分。为了可靠测试算法的准确性能，需要抽取 n 次(不小于1 000 000次)。如果在 n 次抽取中，有 n' 次累计1分，n'' 次累计0.5分，则对于用户 u_i，AUC性能值为:

$$\text{AUC}_i=\frac{n'+0.5n''}{n} \tag{10-11}$$

当得到每个用户的AUC度量后，算法整体的AUC度量为:

$$\text{AUC}=\frac{1}{|U|}\sum_{i\in U}\text{AUC}_i \tag{10-12}$$

在等式(10-12)中，$|U|$ 表示用户集合 U 中的用户数。

3. 准确率

对每个用户长度为 L 的推荐列表，准确率用来衡量其包含 E^{P} 连边的比例，假定 N_j 表示测试集中属于用户 u_j 的连边数，则 u_j 的准确率 $P_j(L)$ 为 $\frac{N_j}{L}$，则整个算

法的准确率 P 为每个用户准确率的平均：

$$P = \frac{1}{m}\sum_{j=1}^{m} P_j(L) \tag{10-13}$$

其次，个性化推荐算法需要推荐给用户尽可能丰富的物品，不仅推荐给单一用户的物品要具有多样性，同时推荐给不同用户的物品也要有差异性，因此从两个方面研究推荐算法的多样性：一方面是单一用户物品之间的内部相似性，另一方面是不同用户推荐列表的汉明距离。介绍如下。

4. 内部相似性

对于任意目标用户 u_l，若其推荐物品列表为$\{o_1, o_2, \cdots, o_L\}$，则其中两个物品 o_i 和 o_j 的相似性为：

$$s_{ij}^{o} = \frac{1}{\sqrt{k(o_i)k(o_j)}}\sum_{l=1}^{m} a_{il}a_{jl} \tag{10-14}$$

在等式(10-14)中，$k(o_i)$表示物品 o_i 的度值，则对于用户 u_l，其推荐列表内部相似性为：

$$I_l = \frac{1}{L(L-1)}\sum_{i \neq j} s_{ij}^{o} \tag{10-15}$$

整个算法的推荐列表内部相似性为：

$$I = \frac{1}{|U|}\sum_{l \in U} I_l \tag{10-16}$$

5. 汉明距离

推荐列表长度为 L，若用户 u_i 和 u_j 的推荐列表中有 Q 个物品是重复的，则这两个用户之间的汉明距离是：

$$H_{ij} = 1 - \frac{Q}{L} \tag{10-17}$$

进一步，将任意两个用户之间的汉明距离进行平均，得到算法整体的汉明距离：

$$H = \frac{1}{|U|(|U|-1)}\sum_{i \neq j} H_{ij} \tag{10-18}$$

对于算法而言，单一用户推荐列表的内部相似性越小越好，而对于不同用户的推荐列表，大的汉明距离表明推荐物品重复性小，多样性优异。个性化推荐算法除了准确性、多样性之外，还有一个重要的指标新奇性，用推荐物品的平均流行度表示，如果推荐物品的平均流行度很低，则新奇性较高，介绍如下。

6. 新奇性

推荐算法要求推荐列表具有个性化，推荐物品应该符合用户的个性化喜好，表现为较低的流行度，用推荐物品的平均度$\langle k\rangle$表示，假设o_{ij}表示给用户u_i推荐的第j个物品，L表示推荐列表长度，定义新奇性如下：

$$\langle k\rangle=\frac{1}{|U|L}\sum_{i=1}^{|U|}\sum_{j=1}^{L}k(o_{ij}) \tag{10-19}$$

10.4.3 结果与分析

算法性能计算6个重要指标[15]：度量准确性的平均排分、ROC曲线下面积和准确率；度量多样性的内部相似性和推荐列表间的汉明距离；度量新奇性的平均流行度。对于内部相似性I和平均流行度$\langle k\rangle$，值越小推荐性能越好，而其余指标的值越大性能越好。

本书在3个经典数据集Movielens、Netflix和Amazon上进行了10次平均的交叉仿真实验。目的是为了研究最优准确性下的多样性和个性化性能，因此选择了平均排分$\langle r\rangle$最优的参数α值作为其他性能的参数值，包括AUC、Precision、内部相似性、汉明距离和平均流行度。在图10-3中，画出了6个性能指标的曲线图，参数α的取值范围为$[-1.2,0]$，并且推荐长度L分别取10、50和100。按照相同的模式，在3个数据集上的性能曲线从左到右依次给出。在图中，突出了3个数据集上最优平均排分的α参数取值-0.93、-0.88和0所对应的其他参数值。可以看出，最优α确实存在于$[-1,0]$，并且在这个参数下，其他性能也都接近各自的最优值。虽然其他参数的性能值不是最优，但也明显优于主流算法性能。

这里给出了$L=50$和$L=100$时的最优性能结果，如表10-2和表10-3所示，对比算法也都列出了其对应的最优值，黑色粗体突出了整体的最优值，小括号中的数字表示标准差。首先分析表10-2，可以看出，CRE算法相比CF算法在各个方面性能提升都最为明显，特别是在Movielens上平均排分$\langle r\rangle$减少了32%，汉明距离H增长了44%；在Netflix上，准确率P增长了51%，内部相似性降低了47%，平均度下降了53%；在Amazon上，准确率增加了23%，平均度下降了51%。CRE算法相比于NBI算法也有明显优化，特别是在Movielens上，汉明距离增长了34%；在Netflix上，平均排分减少了28%，正确率增长了41%，内部相似性下降了42%；在Amazon上，平均度下降了52%。对比HNBI算法，CRE算法也有突出表现，具体为：在Movielens上，汉明距离增长了21%；在Netflix上，平均排分$\langle r\rangle$减少了23%，准确率增长了31%，内部相似性减少了41%；在Amazon上，平均度$\langle k\rangle$减少了51%。相对于RENBI算法，CRE算法在Netflix上内部相似性减少了31%；在Amazon上，平均度$\langle k\rangle$减少了42%。最后，对比CSI算法，CRE算法在Movielens上，汉明距离增加了11%；在Netflix上平均排分$\langle r\rangle$减少了17%，准确率增加了 15%，内部相似性减少了 23%，平均度也下降了 23%。

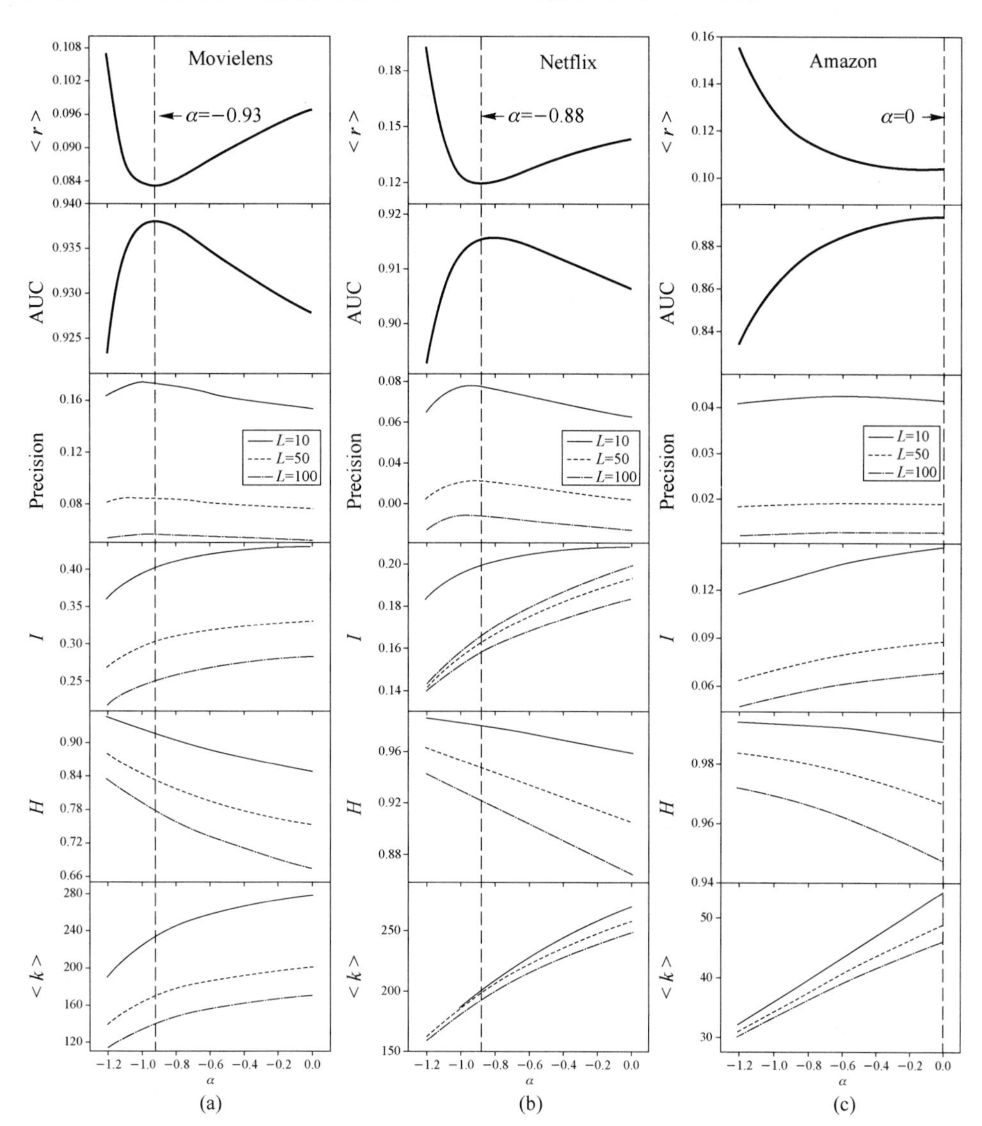

图 10-3　最优参数下的性能示意图

进一步，分析表 10-3 中推荐列表长度 $L=100$ 的情况，可以看出，CRE 算法同样获得了与表 10-2 相似的优异性能。即使 3 个数据集本身不同，CRE 算法都能明显地在准确性、多样性和新奇性方面优于经典的主流算法。特别地，由于数据集 Amazon 中物品多样性显著，冗余性较小，因此 CRE 算法的性能表现和 CSI 算法一样，这时参数 $\alpha=0$。这意味着 CSI 算法是 CRE 算法的一个特例，并且说明 CRE 算法在多样数据集的情况下具有很好的适应性，能在不同数据情况下调整到最优的性能值。

表 10-2　性能比较表一

算　法		⟨r⟩	P	AUC	I	H	⟨k⟩
在 Movielens 上进行实验的算法	CF 算法	0.122 5(0.002 0)	0.063 8(0.001 1)	0.899 0(0.002 0)	0.375 8(0.000 8)	0.579 6(0.001 6)	242(0.372 4)
	NBI 算法	0.114 2(0.001 8)	0.067 0(0.001 1)	0.909 3(0.001 6)	0.355 4(0.000 8)	0.618 5(0.001 3)	234(0.392 5)
	HNBI 算法	0.107 5(0.001 8)	0.069 3(0.001 2)	0.914 4(0.001 4)	0.339 2(0.001 0)	0.688 6(0.001 1)	220(0.472 6)
	RENBI 算法	0.087 5(0.001 4)	0.081 2(0.000 9)	0.899 0(0.002 1)	0.375 8(0.000 8)	0.792 3(0.000 7)	243(0.372 5)
	CSI 算法	0.097 0(0.001 7)	0.075 9(0.001 0)	0.927 8(0.001 4)	0.331 5(0.000 6)	0.753 0(0.000 6)	200(0.371 8)
	CRE 算法	**0.083 0(0.001 1)**	**0.083 5(0.000 9)**	**0.938 3(0.001 1)**	**0.303 4(0.000 6)**	**0.832 9(0.000 5)**	**169(0.350 7)**
在 Netflix 上进行实验的算法	CF 算法	0.175 5(0.000 4)	0.023 5(0.000 3)	0.871 4(0.002 1)	0.310 6(0.000 9)	0.678 7(0.001 0)	423(1.280 3)
	NBI 算法	0.166 1(0.000 4)	0.025 1(0.000 3)	0.885 8(0.001 9)	0.281 9(0.000 8)	0.729 9(0.000 6)	398(1.076 3)
	HNBI 算法	0.155 4(0.000 4)	0.027 0(0.000 4)	0.886 0(0.002 1)	0.252 1(0.000 5)	0.841 4(0.000 5)	339(0.805 3)
	RENBI 算法	0.122 0(0.000 3)	**0.036 4(0.000 3)**	0.913 1(0.001 9)	0.237 3(0.000 5)	0.895 2(0.000 3)	295(0.591 1)
	CSI 算法	0.143 7(0.000 3)	0.031 0(0.000 4)	0.906 3(0.001 6)	0.193 7(0.001 2)	0.906 3(0.000 3)	256(0.755 4)
	CRE 算法	**0.119 1(0.000 3)**	0.035 6(0.000 4)	**0.915 4(0.001 7)**	**0.162 9(0.000 3)**	**0.948 0(0.000 2)**	**198(0.400 3)**
在 Amazon 上进行实验的算法	CF 算法	0.121 2(0.001 0)	0.015 6(0.000 1)	0.881 0(0.001 7)	0.092 7(0.000 1)	0.864 9(0.000 8)	81(0.193 8)
	NBI 算法	0.117 0(0.001 1)	0.016 2(0.000 1)	0.884 4(0.001 8)	0.089 9(0.000 1)	0.861 9(0.000 6)	82(0.177 5)
	HNBI 算法	0.116 9(0.001 1)	0.016 2(0.000 2)	0.884 3(0.001 9)	0.089 6(0.000 1)	0.865 3(0.000 7)	81(0.118 2)
	RENBI 算法	0.110 3(0.001 2)	0.018 1(0.000 2)	0.884 8(0.001 9)	0.086 1(0.000 1)	0.924 5(0.000 4)	68(0.118 2)
	CSI 算法	0.103 6(0.001 1)	0.019 0(0.000 1)	0.893 0(0.001 8)	**0.088 0(0.000 2)**	0.966 7(0.000 07)	48(0.047 9)
	CRE 算法	**0.103 6(0.001 1)**	**0.019 0(0.000 1)**	**0.893 0(0.001 6)**	0.088 0(0.000 2)	**0.966 7(0.000 07)**	**48(0.047 9)**

注：HNBI 算法、RENBI 算法和 CRE 算法的最优参数 α 在 Movielens、Netflix 和 Amazon 下分别为(−0.86，−0.76，−0.93)、(−1，−0.81，−0.88)和(−0.08，−0.53，0)。并且其他评价指标如准确率、AUC、内部相似性、汉明距离以及平均流行度的取值都对应于最优的 α。推荐列表长度 $L=50$，并且 AUC 的采样总数是 100 万次。所有的结果值都来自于 10 次结果的平均，而括号中的数字表示标准差。

表 10-3 性能比较表二

算法		$\langle r\rangle$	P	AUC	I	H	$\langle k\rangle$
在 Movielens 上进行实验的算法	CF 算法	0.122 5(0.002 0)	0.044 3(0.000 6)	0.899 0(0.002 0)	0.333 6(0.000 7)	0.482 6(0.001 3)	205(0.375 4)
	NBI 算法	0.114 3(0.001 9)	0.046 1(0.000 6)	0.909 3(0.001 7)	0.315 3(0.000 6)	0.520 9(0.001 1)	199(0.377 3)
	HNBI 算法	0.107 5(0.001 8)	0.047 8(0.000 6)	0.914 4(0.001 4)	0.300 4(0.000 7)	0.594 6(0.001 2)	189(0.337 8)
	RENBI 算法	0.087 5(0.001 4)	0.054 2(0.000 6)	0.934 9(0.001 3)	0.272 2(0.000 4)	0.730 1(0.000 7)	156(0.266 6)
	CSI 算法	0.097 0(0.001 7)	0.051 2(0.000 7)	0.927 8(0.001 4)	0.282 9(0.000 5)	0.674 3(0.000 6)	171(0.247 9)
	CRE 算法	**0.083 0(0.001 1)**	**0.055 1(0.000 5)**	**0.938 3(0.001 1)**	**0.251 1(0.000 4)**	**0.779 7(0.000 7)**	**140(0.322 6)**
在 Netflix 上进行实验的算法	CF 算法	0.175 5(0.000 5)	0.018 6(0.000 2)	0.871 4(0.002 2)	0.303 4(0.000 7)	0.616 7(0.001 0)	378(0.954 5)
	NBI 算法	0.166 1(0.000 4)	0.019 7(0.000 2)	0.885 9(0.002 0)	0.277 2(0.000 6)	0.672 7(0.000 7)	358(0.837 1)
	HNBI 算法	0.155 4(0.000 4)	0.021 2(0.000 2)	0.886 0(0.002 2)	0.252 9(0.000 5)	0.789 3(0.000 7)	313(0.665 1)
	RENBI 算法	0.122 0(0.000 3)	**0.027 5(0.000 2)**	0.913 1(0.002 0)	0.230 3(0.000 3)	0.866 7(0.000 2)	265(0.390 4)
	CSI 算法	0.143 7(0.000 3)	0.023 6(0.000 2)	0.906 3(0.001 6)	0.199 8(0.000 3)	0.866 1(0.000 3)	249(0.480 4)
	CRE 算法	**0.119 1(0.000 3)**	0.027 2(0.000 2)	**0.915 4(0.001 7)**	**0.165 9(0.000 2)**	**0.922 6(0.000 2)**	**193(0.310 0)**
在 Amazon 上进行实验的算法	CF 算法	0.121 2(0.001 1)	0.010 9(0.000 1)	0.881 1(0.001 8)	0.073 0(0.000 1)	0.830 9(0.000 6)	71(0.103 7)
	NBI 算法	0.117 0(0.001 1)	0.011 3(0.000 1)	0.884 4(0.001 9)	0.070 6(0.000 1)	0.828 7(0.000 6)	72(0.116 3)
	HNBI 算法	0.116 9(0.001 1)	0.011 3(0.000 1)	0.884 3(0.001 8)	0.070 3(0.000 1)	0.832 3(0.000 6)	71(0.109 9)
	RENBI 算法	0.110 3(0.001 2)	0.012 3(0.000 1)	0.884 8(0.001 9)	**0.066 9(0.000 1)**	0.901 0(0.000 2)	60(0.059 6)
	CSI 算法	0.103 6(0.001 1)	0.012 8(0.000 1)	0.893 6(0.001 8)	0.068 5(0.000 1)	0.946 7(0.000 1)	46(0.053 0)
	CRE 算法	**0.103 6(0.001 1)**	**0.012 8(0.000 1)**	**0.893 6(0.001 8)**	0.068 5(0.000 1)	**0.946 7(0.000 1)**	**46(0.053 0)**

注：HNBI 算法、RENBI 算法和 CRE 算法的最优参数 α 在 Movielens、Netflix 和 Amazon 下分别为(−0.86，−0.76，−0.93)、(−1，−0.81，−0.88)和(−0.08，−0.53，0)。并且其他评价指标如准确率、AUC、内部相似性、汉明距离以及平均流行度的取值都对应于最优的 α。推荐列表长度 $L=100$，并且 AUC 的采样总数是 100 万次。所有的结果值都来自于 10 次结果的平均，而括号中的数字表示标准差。

为了更好地展示 CRE 算法优于主流算法的本质，现在来对算法的推荐原理进行比较。CF 算法仅仅基于用户间相似性，而用户间相似性并不能直接表达物品间相似性，因此性能较差。NBI 算法相比 CF 算法性能有显著提升，但是由于仅仅考虑了从已购买物品到未购买物品的单向推荐，并且忽略了高阶相似性冗余，因此性能相比 CRE 算法较差。HNBI 算法和 RENBI 算法是在 NBI 算法的基础上分别考虑初始物品流行度和删除高阶冗余性的改进算法，但是继承了 NBI 算法的单向相似性扩散的有偏估计的局限，性能相比 CRE 算法较差。此外，CSI 算法突出改进了 NBI 算法单向相似性推荐的不足，利用反向相似性提高了原有估计的准确性，但是又进一步造成了次生相似性冗余，影响推荐的多样性和新奇性。

上述基于相似性的传统推荐算法要么存在相似性估计偏差，要么存在相似性高阶冗余，无法进一步提高推荐的准确性、多样性和新奇性。CRE 算法考虑修正单向相似性估计，缓解相似性估计偏差，同时进一步删除冗余高阶相似性，因此，获得了较好的推荐效果。更重要的一点是，CRE 算法通过可调参数，能自适应调整推荐性能，在多样的环境下得到较优的推荐结果，满足不同场景下的推荐要求。

除此之外，较低的计算复杂度也是推荐算法设计的重要因素。$N \times N$ 矩阵乘积的算法复杂度是 $O(N^3)$。对于 NBI 算法和 CSI 算法而言，由于没有搜索过程，它们的时间复杂度就是 $O(N^3)$。但是即使需要搜索最优值，相比于网络规模 N，搜索代价还是相对可以忽略的。因此 CRE 算法、HNBI 算法和 RENBI 算法的复杂度也近似为 $O(N^3)$，说明本章提出的 CRE 算法在提高推荐性能的同时并没有增加算法的复杂度。

10.5 本章小结

本章重点研究了基于一致性的冗余删除协作推荐算法建模。在研究相似性推荐算法时发现，主流算法存在两个重要的问题，一个是有偏的相似性估计，另一个是高阶相似性冗余。前者来源于仅考虑从已购买物品到未购买物品的单向相似性估计策略，后者来源于物品属性之间的相关性。有的算法包含其中一种问题，而有的算法两者皆有，如 CF 算法、NBI 算法、HNBI 算法。特别对于 CSI 算法，虽然缓解了单向相似性估计的偏差，但是却引入了次生的高阶相似性冗余，加重了冗余性，导致了多样性和新奇性推荐性能的下降。通过探索单向相似性估计偏差和相似性冗余的产生机理，本章提出了修正冗余删除的相似性推荐模型 CRE，利用反向相似性修正正向相似性估计的偏差，实现基于一致性对称物质扩散的推荐，提高推荐的准确性。同时，CRE 算法又巧妙地删除了无用的高阶次生相似性冗余。在 3 个经典数据集上的大量实验证明，CRE 算法的确能得到较好的推荐准确性、多样性和新奇性。由于高有效性和低复杂度，CRE 算法可以被应用于多样的推荐系统中，并且为未来的推荐系统探索提供了重要的研究思路。

10.6　研究思考

本章从相似性链路预测角度出发，基于物质扩散理论，考虑一致性修正单向相似性估计的同时，删除高阶相似性冗余，提高了推荐的准确性、多样性和新奇性。读者可以从以下角度进一步思考。①通过研究发现基于物质扩散理论，相似的已购买物品到未购买物品之间存在高阶相似性冗余，本章在一致性的基础上进一步删除次数冗余，但是本模型是一致性之后删除，这样建模是否最优，是否应该在正向反向同时删除，然后再修正，冗余相似性建模方法值得进一步研究。②本章在一致性之后删除相似性冗余，但是没有考虑物品流行性的影响，可以在进一步考虑物品流行性的基础上建模。③本章考虑了物质扩散模型的高阶相似性冗余，但是基于热传导理论是否存在相似性冗余，如果存在如何缓解，这个问题值得进一步研究。

本章参考文献

[1]　Zhu X Z, Yang Y J, Chen G L, et al. Information filtering based on corrected redundancy-eliminating mass diffusion [J]. PloS One, 2017, 12(7): e0181402.

[2]　Zhang G Q, Yang Q F, Cheng S Q, et al. Evolution of the Internet and its cores [J]. New Journal of Physics, 2008, 10 (12): 123027.

[3]　Pastor-Satorras R, Vespignani A. Evolution and structure of the Internet: a statistical physics approach [M]. New York: Cambridge University Press, 2004.

[4]　Broder A, Kumar R, Maghoul F, et al. Graph structure in the web [J]. Computer Networks, 2000, 33(1): 309-320.

[5]　Doan A, Ramakrishnan R, Halevy A Y. Crowdsourcing systems on the world-wide web [J]. Communications of the ACM, 2011, 54(4): 86-96.

[6]　Goggin G. Cell phone culture: mobile technology in everyday life[M]. New York: Routledge, 2006.

[7]　Zheng P, Ni L. Smart Phone and Next Generation Mobile Computing [M]. Amsterdam: Elsevier Science, 2010.

[8] Qian X, Feng H, Zhao G, et al. Personalized recommendation combining user interest and social circle [J]. Knowledge and Data Engineering, IEEE Transactions on, 2014, 26 (7): 1763-1777.

[9] Linden G, Smith B, York J. Amazon. com recommendations: item-to-item collaborative filtering[J]. IEEE Internet Computing, 2003(7): 76-80.

[10] Hannon J, Bennett M, Smyth B. Recommending twitter users to follow using content and collaborative filtering approaches [C]//In Proc. of the 4th ACM Conf. on Recomm. Sys.. Barcelona: ACM, 2010: 199-206.

[11] Billsus D, Pazzani M J. Adaptive news access[C]// Lecture Notes in Computer Science. Berlin Heidelberg: Springer-Verlag, 2007: 550-570.

[12] Ali K, van Stam W. TiVo: making show recommendations using a distributed collaborative filtering architecture [C]//Proceedings of the Tenth ACM SIGKDD International Conference on Knowledge Discovery and Data Mining. Seattle: ACM, 2004: 394-401.

[13] Adomavicius G, Tuzhilin A. Toward the next generation of recommender systems: a survey of the state-of-the-art and possible extensions [J]. Knowledge and Data Engineering, IEEE Transactions on, 2005, 17 (6): 734-749.

[14] Ricci F, Rokach L, Shapira B, et al. Recommender systems handbook [M]. New York: Springer-Verlag, 2010.

[15] Lü L Y, Medo M, Yeung C H, et al. Recommender systems [J]. Physics Reports, 2012, 519(1): 1-49.

[16] Guan Y, Cai S M, Shang M S. Recommendation algorithm based on item quality and user rating preferences [J]. Front. Comput. Sci., 2014, 2(8): 289-297.

[17] Yao L, Sheng Q Z, Ngu A H, et al. Unified collaborative and content-based web service recommendation [J]. IEEE Trans. on Services Comp., 2015, 8 (3): 453-466.

[18] Unger M. Latent Context-Aware Recommender Systems [C]// Proceedings of the 9th ACM Conference on Recommender Systems. Vienna: ACM, 2015: 383-386.

[19] Campos P G, Díez F, Cantador I. Time-aware recommender systems: a comprehensive survey and analysis of existing evaluation protocols [J]. User Modeling and User-Adapted Interaction, 2014, 24(1/2): 67-119.

[20] Zhang Z K, Zhou T, Zhang Y C. Tag-aware recommender systems: a state-

of-the-art survey [J]. Journal of Computer Science and Technology,2011, 26 (5):767-777.

[21] Liu H,Hu Z,Mian A,et al. A new user similarity model to improve the accuracy of collaborative filtering [J]. Knowledge-Based Systems, 2014 (56):156-166.

[22] Felfernig A,Burke R . Constraint-based recommender systems: technologies and research issues[C]//Proceedings of the 10th International Conference on Electronic Commerce. New York:ACM,2008.

[23] Maslov S,Zhang Y C. Extracting hidden information from knowledge networks [J]. Physical Review Letters,2001,87 (24):248701.

[24] Ren J,Zhou T,Zhang Y C. Information filtering via self-consistent refinement [J]. EPL (Europhysics Letters),2008,82 (5):58007.

[25] Goldberg K,Roeder T,Gupta D,et al. Eigentaste:a constant time collaborative filtering algorithm [J]. Information Retrieval,2001,4 (2):133-151.

[26] Zeng W,Zeng A,Liu H,et al. Uncovering the information core in recommender systems [J]. Sci. Rep. ,2014,4:06140.

[27] Burke R. Hybrid recommender systems: survey and experiments [J]. User Modeling and User-adapted Interaction,2002,12 (4):331-370.

[28] Herlocker J L,Konstan J A,Terveen L G,et al. Evaluating collaborative filtering recommender systems [J]. ACM Transactions on Information Systems (TOIS),2004,22 (1):5-53.

[29] Zhang Y C,Medo M,Ren J,et al. Recommendation model based on opinion diffusion [J]. EPL,2007,80 (6):68003.

[30] Zhou T,Ren J,Medo M,et al. Bipartite network projection and personal recommendation [J]. Physical Review. E Statistical, Nonlinear, and Soft Matter Physics,2007,76 (4):046115.

[31] Zhou T,Jiang L L,Su R Q,et al. Effect of initial configuration on network-based recommendation[J]. EPL (Europhysics Letters), 2008,81(5): 58004-58007.

[32] Zhou T,Su R Q,Liu R R,et al. Accurate and diverse recommendations via eliminating redundant correlations[J]. New Journal of Physics, 2009, 11 (12):123008.

[33] Lü L Y,Liu W. Information filtering via preferential diffusion[J]. Physical Review. E Statistical,Nonlinear,and Soft Matter Physics,2011,83(6): 066119.

[34] Zhu X Z,Tian H,Cai S. Personalized recommendation with corrected similarity [J]. Journal of Statistical Mechanics: Theory and Experiment,2014 (7):07004.

[35] Zhu X Z,Tian H,Zhang P,et al. Personalized recommendation based on unbiased consistence [J]. EPL,2015,111(4):48007.

[36] Zhang Y C,Blattner M,Yu Y K. Heat conduction process on community networks as a recommendation model [J]. Physical Review Letters,2007, 99(15):154301.

[37] Liu J G,Zhou T,Guo Q. Information filtering via biased heat conduction [J]. Phys. Rev. E. ,2011,84(3):037101.

[38] Zhou T,Kuscsik Z,Liu J G,et al. Solving the apparent diversity-accuracy dilemma of recommender systems[J]. Proceedings of the National Academy of Sciences (USA),2010,107 (10):4511-4515.

第11章 一致性下基于惩罚过度扩散的推荐算法

上一章介绍了传统二部图上基于物质扩散理论的相似性推荐普遍存在两个问题:一个是仅考虑从已购买物品到未购买物品的单向相似性推荐,导致了物品相似性推荐的偏差;另一个是由于物品属性间具有关联性,导致在物质扩散相似性推荐中,存在高阶冗余相似性。这两个问题都会严重影响推荐准确性、多样性和新奇性,通过考虑一致性修正和高阶冗余删除可以有效减低估计偏差,同时提高推荐的多样性和新奇性。但是,除了这两个问题之外,基于物质扩散的相似性推荐仍然存在另一个问题,即过度扩散效应。这一问题会严重影响推荐的准确性和多样性。通过深入研究发现,物质扩散效应该被抑制,进而突出多样扩散。因此本章提出了一致性下基于惩罚过度扩散的对称过度扩散惩罚模型(Symmetrical and Overload Penalized Diffusion Based model,SOPD)[1]。在经典数据集 Movielens 和 Netflix 上的大量实验证明,SOPD 算法表现出较好的推荐准确性和多样性。

11.1 研究背景

随着电子商务的蓬勃发展,大量的在线服务应运而生,如在线新闻、在线电影、在线电视等。在服务不断充盈的过程中,这些服务也产生了海量信息数据,称之为数据爆炸。结果人们不得不面对信息过载的困境,在海量信息数据中无法快速检索到喜爱物品的信息,导致大量物品滞销,只有少量流行物品得到销售,这种现象被称为长尾效应[2]。虽然人们提出了很多解决办法来缓解这一困境,但是仍然不能满足人们个性化的检索需求。推荐系统[3]的出现可以有效实现信息过滤,根据用户的历史购买记录,向用户推荐其偏好的物品。由于推荐系统的优秀性能[4],研究者提出了大量的推荐算法模型,如协作过滤推荐[5]、基于内容的推荐[6,7]、时间感知的推荐[8]、基于标签的推荐[9,10]、基于社交关系的推荐[11]、基于约束关系的推荐[12]、基于频谱模式的推荐[13]、迭代更新式推荐[14]、基于主成分分析的推荐[15]等。

11.2 问题描述

最近一些物理学家提出了基于热传导理论的推荐算法[16]、基于物质扩散理论的推荐算法[17-25]，还有两者的混合推荐算法[26,27]。这些算法基于用户物品二部图实现有效的个性化推荐[28]。在二部图中，基本的原理是基于相似性的算法认为如果两个物品同时被用户选购，那么这两个物品就是相似的，并且同时购买两个物品的人越多，两个物品越相似。但是，网络的稀疏性和异构性会引起物品间相似性估计的偏差。而这些偏差会进一步生成虚假相似性，降低推荐结果的准确性。不仅如此，物品过高的流行度会进一步影响推荐的多样性、新奇性和准确性。经过深入研究物质扩散算法发现，非对称物质扩散和过度扩散在本质上造成了有偏的相似性估计和购买流行物品的误导。因此，本章提出了一致性下基于惩罚过度扩散的推荐算法模型。在 Movielens 和 Netflix 上的大量实验结果说明，在最优准确性能下，SOPD 可以获得更好的多样性和新奇性性能。

11.3 对称和过度扩散惩罚算法模型

推荐系统通常会包含用户和物品，并且由于用户购买了物品，用户和物品之间就存在了关联关系。设物品集为 $O=\{o_1, o_2, \cdots, o_n\}$，用户集为 $U=\{u_1, u_2, \cdots, u_m\}$。推荐系统可以被描述为一个 $n\times m$ 的邻接矩阵 $\boldsymbol{A}=\{a_{ij}\}$，假如用户 u_j 购买了物品 o_i 则 $a_{ij}=1$，否则 $a_{ij}=0$。换言之，一个推荐系统可以描述为一个二部图 $G(O,U)$。

为了介绍对称和过程扩散惩罚算法，首先介绍物质扩散理论[17]。在二部图上，通过用户-物品连边，已购买物品的物质资源首先扩散到用户，进而在用户处汇聚后，所收集的物质资源继续向未购买物品扩散，整个过程如图 11-1(b)所示。基于二部图拓扑结构完成扩散过程后，可以得到物品间物质扩散比例权重矩阵 $\boldsymbol{W}=\{w_{ij}\}$，定义如下：

$$w_{ij}=\frac{1}{k(o_j)}\sum_{l=1}^{m}\frac{a_{il}a_{jl}}{k(u_l)} \tag{11-1}$$

这里 o_j 是已购买物品，o_i 是未购买物品，w_{ij} 表示物品 o_j 到 o_i 的物质扩散比例，如果一个用户购买了物品 o_j，将会以多大概率向他推荐 o_i。进一步，如果将一个用户的购买历史记录表示为向量 $\boldsymbol{f}$，则未来推荐物品的可能性向量 $\boldsymbol{f}'=\boldsymbol{W}\boldsymbol{f}$。以图 11-1

为例，二部图 $G(O,U)$ 包含物品集 $O=\{o_1,o_2,o_3\}$ 和用户集 $U=\{u_1,u_2,u_3,u_4,u_5\}$，用户与物品之间的连边展示在图 11-1(b)中。根据等式(11-1)，所有物品间的物质扩散比例矩阵 $\boldsymbol{W}=\{w_{ij}\}$ 如图 11-1(c)所示。总而言之，根据扩散能力物质扩散理论可以构建物品间相似性模型。

11.3.1　非对称扩散问题

首先，在传统基于物质扩散理论的推荐算法研究中，研究者认为，如果物质资源更多地从已购买物品扩散到未购买物品，那么已购买物品就与未购买物品更加相似。换言之，从已购买物品到未购买物品间物质扩散的程度决定了物品间相似的程度。在这里，定义这种单向物质扩散模式为非对称物质扩散。经过深入研究发现，非对称物质扩散理论由于信息的不完整性，仅仅从已购买物品到未购买物品的物质扩散来解析物品间相似性，存在理论局限。而二部图上的物质扩散应该基于对称理论，如图 11-1(a)所示。其中，A 是已购买物品，B 是未购买物品。在左图中，物品 A 与物品 B 相似因为它们都有角，因此一个单位的物质资源从 A 被传输到 B。相似地，在右图，因为都有角，所以物品 A 与 C 相似，因此一个单位的物质资源可以从 A 传输到 C。根据原始物质扩散理论，由于从 A 到 B 和从 A 到 C 都传输了一个单位的物质资源，因此，A 和 B 的相似性与 A 和 C 的相似性一致。但是，上述结论明显不成立，明显地，A 和 C 都有 3 个角，而 B 有 5 个角，实际上 A 和 C 要比 A 和 B 更相似。本质上看，非对称导致的相似性估计偏差是由于仅看到了从已购买物品到未购买物品的信息，而没有关注从未购买物品到已购买物品的信息，是信息不完整性导致的。

除了由于信息不完整性导致的非对称相似性估计带来的副作用，二部图的异构性也使得非对称扩散相似性估计变得缺乏实用价值，影响了推荐的准确性。为了具体解释二部图异构性产生的问题，特举例如图 11-1(b)所示。在图 11-1(b)中，物品 o_1 和 o_2、o_1 和 o_3 都被用户 u_2 同时选择，因此从 o_1 到 o_2 的物质扩散被认为和从 o_1 到 o_3 的物质扩散一致。但是，事实上却并非如此。不妨设任意一个物品和其他物品之间的物质扩散总和为 1，在 4 个选择 o_2 的用户中，只有一个同时选择了 o_1，而同时选择 o_3 的两个用户中，也只有一个同时选择了 o_1。那么，对于 o_2，o_1 与它的相似性占总相似性的 1/4，而对于 o_3，o_1 与它的相似性占总相似性的 1/2。这个结果说明，原始算法高估了 o_1 和 o_2 之间的相似性，低估了 o_1 和 o_3 之间的相似性。本质上讲，这些相似性估计偏差问题来源于物质的单向扩散理论。以往的对称相似性修正 CSI 算法[24]研究说明非对称相似性物质扩散应该替换为对称相似性物质扩散，进而提高推荐的准确性、多样性和新奇性。

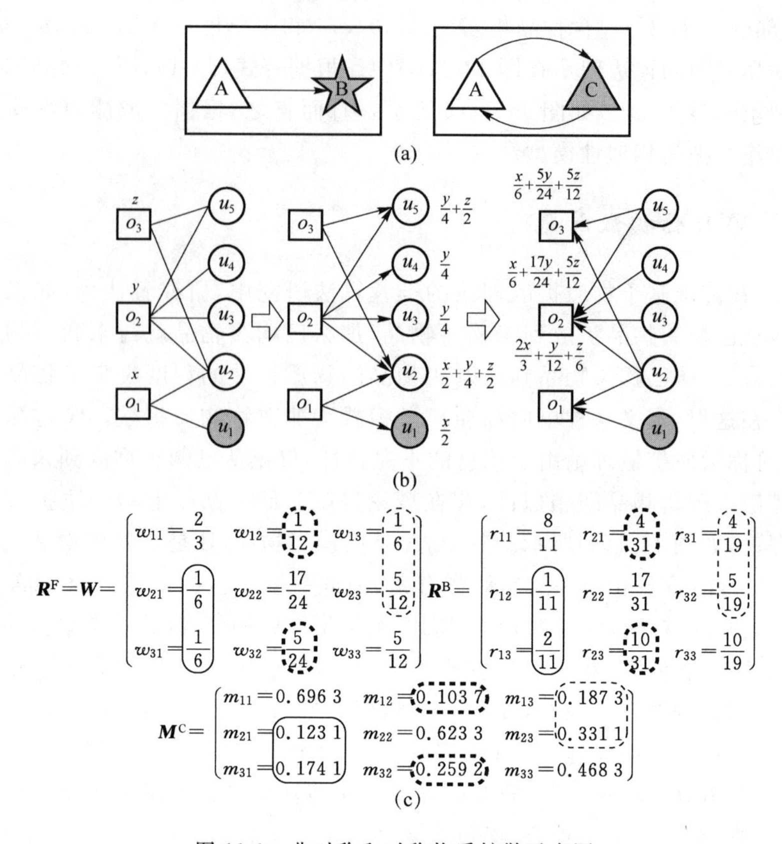

图 11-1　非对称和对称物质扩散示意图

11.3.2　扩散冗余问题

在原始物质扩散理论的第二步中，存在着一个从用户到未购买物品的物质收集过程。从用户端传输而来的物质资源不断增加，导致未购买物品的流行度不断增大，进而引起了有偏的推荐结果。非常明确的是流行的物品并不一定有价值，如图 11-2 所示。在图 11-2 中，o_1 和 o_2 代表未购买物品，u_1 到 u_7 代表用户。在图 11-2(a)中，用户 u_1、u_2 和 u_3 分布偏好三角形、五角星和菱形。由于物品 o_1 同时具备三角形、五角星和菱形 3 种属性，因此确实吸引了来自 u_1、u_2 和 u_3 的物质资源。相似地，在图 11-2(b)中，o_2 收集了来自 u_4、u_5、u_6 和 u_7 的资源，但是 u_4 喜好三角形，而 u_5、u_6 和 u_7 都喜好五角星。根据原始的物质扩散理论，不妨设每条连边可以传递一个单位的资源，因此 o_2 获得的总资源数为 4，而 o_1 的总资源数为 3，相比于 o_1，o_2 表现出来了过高流行度。但是实际上，o_1 比 o_2 更有价值，因为 o_1 拥有 3 个多样的属性，而 o_2 仅仅有两个，这说明 o_2 遭受了来自 u_6 和 u_7 的过度物质扩散，最终导致有偏的物品选择并且降低了推荐的准确性、多样性和新奇性。

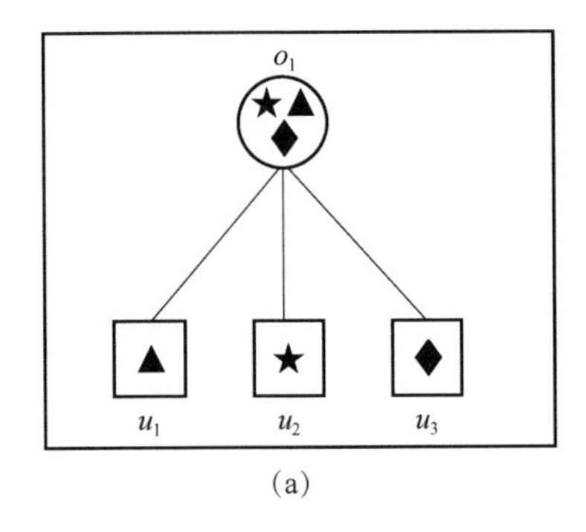

(a)

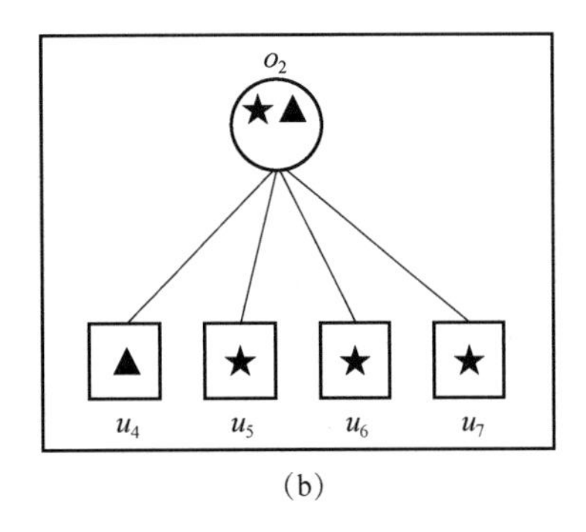

(b)

图 11-2　过度物质扩散示意图

11.3.3　基于对称的过度扩散惩罚模型

有偏相似性来源于二部图的结构稀疏性和异构性,同时单向物质扩散理论也进一步造成了相似性估计的偏差,例如,在图 11-1(c)中,根据从物品 o_1 到 o_2 的物质扩散过程得到相似性权重 w_{21}。实际上,如果正向相似性扩散比例和反向相似性扩散比例是一致的,那么两个物品才真正相似,并且一致性越强,两个物品越相似。这里给出前向相似性和后向相似性定义。

定义 11-1　给定二部图 $G(O,U)$,权重矩阵 $\boldsymbol{W}=\{w_{ij}\}$表示从物品 o_i 到 o_j 的扩散比例,并且 $\sum_{i=1}^{n} w_{ij}=1$,因此前向扩散比例矩阵 $\boldsymbol{R}^{\mathrm{F}}=\{r_{ij}^{\mathrm{F}}\}$定义为:

$$r_{ij}^{\mathrm{F}}=\frac{w_{ij}}{\sum_{i=1}^{n} w_{ij}}=r_{ij} \tag{11-2}$$

同样,后向扩散比例矩阵 $\boldsymbol{R}^{\mathrm{B}}=\{r_{ji}^{\mathrm{B}}\}$为:

$$r_{ji}^{\mathrm{B}}=\frac{w_{ji}}{\sum_{j=1}^{n} w_{ji}}=r_{ji} \tag{11-3}$$

定义 11-2　基于前向相似性 r_{ij}^{F} 和后向相似性 r_{ji}^{B},对称扩散比例矩阵 $\boldsymbol{M}^{\mathrm{C}}=\{m_{ij}\}$定义为:

$$m_{ij}=\sqrt{r_{ij}^{\mathrm{F}} \times r_{ji}^{\mathrm{B}}} \tag{11-4}$$

这里对称相似性同时考虑正向相似性和反向相似性,并且对称相似性越大,两个物品越相似。

图 11-1(c)给出了前向相似性矩阵 $\boldsymbol{R}^{\mathrm{F}}$ 和后向相似性矩阵 $\boldsymbol{R}^{\mathrm{B}}$ 的示例。可以看出实线框突出的原始有偏相似性估计 w_{21} 和 w_{31},通过求正向相似性、反向相似性以及进一步的对称相似性,得到 m_{21} 和 m_{31}。通过对比 m_{21} 和 m_{31},可以明显看出,对

称相似性的结果已经明显区分出物品 o_1 和 o_2 的相似性与 o_1 和 o_3 的相似性差异，证明了对称相似性的有效性。对称相似性定义不仅能区分出相似性的差异，同时还能保持已有的相似性差异，如将 w_{13} 和 w_{23} 变换为 m_{13} 和 m_{23}。

由于大量相同偏好的用户对物品的选择造成了冗余的流行度，为了解决这样一个棘手的问题，惩罚过度扩散可以有效抑制从相同偏好用户传递而来的过度扩散资源，如图 11-2 所示。因此，在定义 11-1 和定义 11-2 的对称物质扩散基础上，应进一步惩罚物质的过度扩散，定义如下。

定义 11-3 使用物质扩散矩阵 $\boldsymbol{M}^{\mathrm{C}}=\{m_{ij}\}$，并使用惩罚因子 α 惩罚过度资源扩散，可以得到对称惩罚过度扩散相似性矩阵为：

$$\boldsymbol{S}^{\mathrm{SOPD}}=m_{ij}k(o_i)^{\alpha} \tag{11-5}$$

这里惩罚因子 α 取值小于 0，并能在不同网络中调整以获得最优的推荐结果。

进一步，如果用户的历史购买向量为 $\boldsymbol{f}$，则未来推荐向量 $\boldsymbol{f}'=\boldsymbol{S}^{\mathrm{SOPD}}\boldsymbol{f}$。

11.3.4 对比算法

为了展示 SOPD 算法的性能优势，本章列出了 5 个经典的对比算法：协作过滤算法、基于二部图网络的推荐算法、基于异构资源分配的 NBI 算法、基于相似性修正的 CSI 算法和偏好扩散(Preferential Diffusion，PD)算法。具体介绍如下。

1. 协作过滤算法[4]

协作过滤算法基于用户以往购买历史，通过计算未购买物品与所有已购买物品的相似性，估计未购买物品被推荐的可能性。对于两个用户 u_i 和 u_j，它们的余弦相似性定义如下：

$$s_{ij}=\frac{1}{\sqrt{k(u_i)k(u_j)}}\sum_{l=1}^{n}a_{li}a_{lj} \tag{11-6}$$

在等式(11-6)的基础上，若用户 u_i 没有购买 o_j，则预测用户 u_i 购买 o_j 的可能性 v_{ij} 为：

$$v_{ij}=\frac{\sum_{l=1,l\neq i}^{m}s_{li}a_{jl}}{\sum_{l=1,l\neq i}^{m}s_{li}} \tag{11-7}$$

对于用户 u_i，CF 算法将 v_{ij} 从小到大进行排序，并取前 L 个物品推荐给用户 u_i。

2. 基于二部图网络的推荐算法[17]

基于二部图网络的拓扑结构，NBI 物质扩散理论计算物品间相似性。对于一个一般的用户物品网络，物品间的相似性矩阵 $\boldsymbol{W}^{\mathrm{NBI}}=\{w_{ij}^{\mathrm{NBI}}\}$定义如下：

$$w_{ij}^{\mathrm{NBI}}=\frac{1}{k(o_j)}\sum_{l=1}^{m}\frac{a_{il}a_{jl}}{k(u_l)} \tag{11-8}$$

这里 $k(o_j)=\sum_{i=1}^{m}a_{ji}$ 表示物品 o_j 的购买用户数，$k(u_l)=\sum_{i=1}^{n}a_{il}$ 表示用户 u_l 购买的物品数。假如用户的历史购买向量为 $\boldsymbol{f}$，那么未来向用户推荐的物品向量为 $\boldsymbol{f}'=\boldsymbol{W}^{\mathrm{NBI}}\boldsymbol{f}$。

3. 基于异构资源分配的 NBI 算法[19]

通过考虑初始资源分配，HNBI 算法改进了 NBI 算法，认为物品的初始流行度越小，则这个物品越容易被个性化用户所喜爱，未来用户购买的可能性也越大。HNBI 算法的相似性权重为 $w_{ij}^{\mathrm{HNBI}}=k(o_j)^{\beta}w_{ij}$，这里参数 β 是惩罚因子，用于惩罚那些流行度过高的物品，根据 w_{ij}^{HNBI} 得到相似关系矩阵 $\boldsymbol{W}^{\mathrm{HNBI}}=\{w_{ij}^{\mathrm{HNBI}}\}_{n\times n}$。如果用户 u_l 的购买历史向量为 $\boldsymbol{f}_l=\{a_{li}\}$，则未来推荐物品向量为 $\boldsymbol{f}'_l=\boldsymbol{W}^{\mathrm{HNBI}}\boldsymbol{f}_l$。

4. 基于相似性修正的 CSI 算法[24]

基于 NBI 算法，CSI 算法进一步修正单向物品相似性，缓解相似性、估计偏差。假设 NBI 算法的物品间相似性矩阵为 $\boldsymbol{W}=\{w_{ij}\}$，则前向相似性比例为：

$$r_{ij}^{\mathrm{F}}=\frac{w_{ij}}{\sum_{i=1}^{n}w_{ij}}=r_{ij} \tag{11-9}$$

反向相似性比例为：

$$r_{ji}^{\mathrm{B}}=\frac{w_{ji}}{\sum_{j=1}^{n}w_{ji}}=r_{ji} \tag{11-10}$$

最终得到 CSI 算法物品相似性矩阵 $\boldsymbol{S}^{\mathrm{CSI}}=\{s_{ij}\}$ 为：

$$s_{ij}=\sqrt{r_{ij}^{\mathrm{F}}\times r_{ji}^{\mathrm{B}}} \tag{11-11}$$

如果用户已经购买物品向量为 $\boldsymbol{f}$，则未来推荐的物品向量为：

$$\boldsymbol{f}'=\boldsymbol{S}^{\mathrm{CSI}}\boldsymbol{f} \tag{11-12}$$

5. 偏好扩散算法[22]

基于 NBI 算法，PD 算法进一步惩罚未购买物品的流行性，得到的相似性矩阵 $\boldsymbol{S}^{\mathrm{PD}}=\{s_{ij}\}$ 的定义如下：

$$s_{ij}=\frac{k(o_i)^{\varepsilon}}{k(o_j)}\sum_{l=1}^{m}\frac{a_{il}a_{jl}}{M} \tag{11-13}$$

这里 $M=\sum_{i=1}^{n}a_{il}k(o_i)^{\varepsilon}=k(u_l)E[a_{il}k(o_i)^{\varepsilon}]$。而 $E[a_{il}k(o_i)^{\varepsilon}]$ 表示在用户 u_l 购买的所有物品度的基础上计算 $k(o_i)^{\varepsilon}$ 的平均值。如果用户已经购买物品向量为 $\boldsymbol{f}$，则未来推荐的物品向量为：

$$\boldsymbol{f}'=\boldsymbol{S}^{\mathrm{PD}}\boldsymbol{f} \tag{11-14}$$

11.4 实验结果与分析

为了展示SOPD算法的准确性和有效性，本书引入了2个真实的电子商务数据Movielens和Netflix，并且引入了推荐算法关于准确性、多样性和新奇性的6个度量指标，计算SOPD算法性能的同时，也计算了5个比较算法的性能，最后分析了算法推荐性能提升的原因。在实验数据构成的二部图网络中，所有可能的用户对象关系构成了总的连边集 E^A，其中已存在的连边关系构成集合 E。实验中，E 被划分为包含90%连边的训练集 E^T 和10%连边的测试集 E^P，$E^P \cap E^T = \varnothing$，$E^P \cup E^T = E$。这里需要强调一点，在实验中，测试集 E^P 中的购买关系连边被认为是未知信息，禁止在训练过程中使用，而补集 $\overline{E}$ 包含的是真实不存在的购买关系。

11.4.1 数据集

实验数据Movielens和Netflix都是选自电子商务网站的真实数据，具有显著的实际意义。这两个数据分别来自于著名的电影推荐网站www.grouplens.org和www.netflix.com。借助于用户对物品的评分，这些电子商务网站捕获用户喜好，然后向用户推荐合适的物品。在Movielens和Netflix中，物品评分从1分到5分，3分是分数界限，并且只有当评分超过分数界限时，才会认为用户喜欢该物品。

在数据中，删除那些用户不喜欢的评分记录，得到最终的有效实验数据，详细信息如表11-1所示，从左向右分别表示数据集名称(Data)、用户数(Users)、物品数(Objects)、连边数(Links)和网络稀疏度(Sparsity)。

表11-1 推荐实验数据集详细信息表

Data	Users	Objects	Links	Sparsity
Movielens	943	1 682	1 000 000	6.3×10^{-1}
Netflix	10 000	6 000	701 947	1.17×10^{-2}

11.4.2 评价准则

个性化的推荐算法总是关注于3类性能：准确性、多样性和新奇性[28]。首先，准确性通常有3个指标：平均排分、AUC和准确率。介绍如下。

1. 平均排分

在所有未购买关系集 $E^A\backslash E^T$ 中，按降序排列评分，测试集中的用户和物品关系会有一个位置，平均排分用来评估这个位置的靠前程度。假如在 E^P 中 o_i 被用户

u_j 购买，并且根据推荐可能性程度，在 u_j 未购买物品集合 O_j 中，购买关系 l_{ij} 的位置是 p_{ij}，可以算出用户 u_j 购买 o_i 的排分 $\mathrm{rank}_{ij}=\frac{p_{ij}}{|O_j|}$，$|O_j|$ 表示集合 O_j 中的元素个数。最终将 E^{P} 中所有购买关系排分进行平均，得到平均排分 $\langle r\rangle$ 为：

$$\langle r\rangle=\frac{\sum_{l_{ij}\in E^{\mathrm{P}}}\mathrm{rank}_{ij}}{|E^{\mathrm{P}}|} \tag{11-15}$$

在等式(11-15)中，$|E^{\mathrm{P}}|$ 表示测试集中购买关系形成的连边个数。

2. AUC

算法是否能区分相关物品(用户喜好物品)与不相关物品(用户不喜好物品)，这个能力由 AUC 来衡量。计算方法如下。

对于任意用户 u_i，算法给出 E_i^{P} 和 $\overline{E_i}$ 中连边的可能性值，在此基础上，随机从 E_i^{P} 和 $\overline{E_i}$ 中各取一条边，如果前者中的连边可能性值高于后者中的连边，则累计 1 分，若两者相等累计 0.5 分，否则不计分。为了可靠测试算法的准确性能，需要抽取 n 次(不小于 1 000 000 次)。如果在 n 次抽取中，有 n' 次累计 1 分，n'' 次累计 0.5 分，则对于用户 u_i，AUC 性能值为：

$$\mathrm{AUC}_i=\frac{n'+0.5n''}{n} \tag{11-16}$$

当得到每个用户的 AUC 度量后，算法整体的 AUC 度量为：

$$\mathrm{AUC}=\frac{1}{|U|}\sum_{i\in U}\mathrm{AUC}_i \tag{11-17}$$

在等式(11-17)中，$|U|$ 表示用户集合 U 中的用户数。

3. 准确率

对每个用户长度为 L 的推荐列表，准确率用来衡量其包含 E^{P} 连边的比例，假定 N_f 表示测试集中属于用户 u_j 的连边数，则 u_j 的准确率 $P_j(L)$ 为 $\frac{N_j}{L}$，则整个算法的准确率 P 为每个用户准确率的平均：

$$P=\frac{1}{m}\sum_{j=1}^{m}P_j(L) \tag{11-18}$$

其次，个性化推荐算法需要推荐给用户尽可能丰富的物品，不仅推荐给单一用户的物品要具有多样性，同时推荐给不同用户的物品也要有差异性，因此从两个方面研究推荐算法的多样性：一方面是单一用户物品之间的内部相似性；另一方面是不同用户推荐列表的汉明距离。介绍如下。

4. 内部相似性

对于任意目标用户 u_l，若其推荐物品列表为 $\{o_1,o_2,\cdots,o_L\}$，则其中两个物品 o_i 和 o_j 的相似性为：

$$s_{ij}^{\circ}=\frac{1}{\sqrt{k(o_i)k(o_j)}}\sum_{l=1}^{m}a_{il}a_{jl} \tag{11-19}$$

在等式(11-19)中，$k(o_i)$表示物品 o_i 的度值，则对于用户 u_l，其推荐列表内部相似性为：

$$I_l=\frac{1}{L(L-1)}\sum_{i\neq j}s_{ij}^{\circ} \tag{11-20}$$

整个算法的推荐列表内部相似性为：

$$I=\frac{1}{|U|}\sum_{l\in U}I_l \tag{11-21}$$

5. 汉明距离

推荐列表长度为 L，若用户 u_i 和 u_j 的推荐列表中有 Q 个物品是重复的，则这两个用户之间的汉明距离是：

$$H_{ij}=1-\frac{Q}{L} \tag{11-22}$$

进一步，将任意两个用户之间的汉明距离进行平均，得到算法整体的汉明距离：

$$H=\frac{1}{|U|(|U|-1)}\sum_{i\neq j}H_{ij} \tag{11-23}$$

对于算法而言，单一用户推荐列表的内部相似性越小越好，而对于不同用户的推荐列表，大的汉明距离表明推荐物品重复性小，多样性优异。个性化推荐算法除了准确性、多样性之外，还有一个重要的指标新奇性，用推荐物品的平均流行度表示，如果推荐物品的平均流行度很低，则新奇性较高，介绍如下。

6. 新奇性

推荐算法要求推荐列表个性化，推荐物品应该符合用户的个性化喜好，表现为较低的流行度，用推荐物品的平均度$\langle k\rangle$表示，假设 O_{ij} 表示给用户 u_i 推荐的第 j 个物品，L 表示推荐列表长度，定义新奇性如下：

$$\langle k\rangle=\frac{1}{|U|L}\sum_{i=1}^{|U|}\sum_{j=1}^{L}k(o_{ij}) \tag{11-24}$$

11.4.3 结果与分析

算法性能计算 6 个重要指标[28]：度量准确性的平均排分、ROC 曲线下面积和准确率；度量多样性的内部相似性和推荐列表之间的汉明距离；度量新奇性的平均流行度。对于内部相似性 I 和平均流行度$\langle k\rangle$，值越小推荐性能越好，而其余指标的值越大性能越好。

将 SOPD 算法与主流算法进行比较，包括基于用户的协作过滤推荐算法、基于网络推荐的算法、基于网络异构性的推荐算法、修正相似性指标算法和基于偏好扩散的推荐算法，结果展示在表 11-2 和表 11-3 中。在表 11-2 中，推荐列表长度 $L=50$，研究的目的是为了在最优准确性下提升推荐的多样性和新奇性，所有结果都是 10 次结果的平均值，平均后将平均排分获得的最优值对应的 α 作为整体最优值的参数，各个指标下最优推荐性能参数以粗体字的形式展示在表格中，括号中的数字表示计算结果的标准差。可以看出，在准确性、多样性和新奇性方面，SOPD 算法在所有数据集上的表现都优于传统的 5 个主流算法，并且获得了极大的性能提升。为了确保推荐列表长度对推荐算法的有效性没有影响，同时计算了在 $L=100$ 时的推荐结果，如表 11-3 所示，其中结果的获取方法与表 11-2 一致。可以看出 SOPD 算法仍然在准确性、多样性和新奇性方面表现出最优的推荐性能。为了直观地理解这一事实，本章给出了在不同推荐列表长度下的准确性-回调率曲线图，包括 CF、NBI、HNBI、CSI、PD 和 SOPD 6 个算法的性能曲线，它们从左下到右上依次排列，如图 11-3 所示，这个结果说明算法的准确性能从 CF 到 SOPD 依次增强，也印证了表 11-2 和表 11-3 的结论。在两个数据集上，SOPD 算法的确取得了最优的推荐性能表现。

为了更好地展示 SOPD 算法优于主流算法的本质，现在对算法的推荐原理进行比较。CF 算法仅仅基于用户间相似性，而用户间相似性并不能直接表达物品间相似性，因此性能较差。NBI 算法相比 CF 算法性能有显著提升，但是由于仅仅考虑了从已购买物品到未购买物品的单向推荐，并且忽略了冗余物质扩散导致的无效流行性，因此性能相比 SOPD 算法较差。HNBI 算法是在 NBI 算法的基础上考虑初始物品流行度进行改进的，但是继承了 NBI 算法的单向相似性扩散的有偏估计的局限，性能相比 SOPD 算法较差。此外，CSI 算法突出改进了 NBI 算法单向相似性推荐的不足，利用反向相似性提高了原有估计的准确性，但是并未对所推荐物品的冗余流行性进行抑制，影响推荐的多样性和新奇性。

上述基于相似性的传统推荐算法要么存在相似性估计偏差，要么存在流行性冗余，无法进一步提高推荐的准确性、多样性和新奇性。SOPD 算法同时考虑修正单向相似性估计，缓解相似性估计偏差，同时进一步惩罚偏好冗余流行性，因此，获得了较好的推荐效果。更重要的一点是，SOPD 算法通过可调参数，能自适应调整推荐性能，在多样的环境下得到较优的推荐结果，满足不同场景下的推荐要求。

除此之外，较低的计算复杂度也是推荐算法设计的重要因素。$N\times N$ 矩阵乘积的算法复杂度是 $O(N^3)$。对于 NBI 算法和 CSI 算法而言，由于没有搜索过程，它们的时间复杂度就是 $O(N^3)$。但是即使需要搜索最优值，相比于网络规模 N，搜索代价还是相对可以忽略的。因此 SOPD 算法、HNBI 算法、PD 算法的复杂度也近似为 $O(N^3)$，说明本章提出的 SOPD 算法在提高推荐性能的同时并没有增加算法的复杂度。

表 11-2　性能比较表一

算　法		⟨r⟩	P	AUC	I	H	⟨k⟩
在 Movielens 上进行实验的算法	CF 算法	0.122 5(0.002 0)	0.044 3(0.000 6)	0.899 0(0.002 0)	0.333 6(0.000 7)	0.482 6(0.001 3)	205(0.375 4)
	NBI 算法	0.114 3(0.001 9)	0.046 1(0.000 6)	0.909 3(0.001 7)	0.315 3(0.000 6)	0.520 9(0.001 1)	199(0.377 3)
	HNBI 算法	0.107 5(0.001 8)	0.047 8(0.000 6)	0.914 4(0.001 4)	0.300 4(0.000 7)	0.594 6(0.001 2)	189(0.337 8)
	PD 算法	0.087 7(0.001 3)	0.079 8(0.000 8)	0.934 1(0.001 4)	0.290 2(0.000 8)	0.839 2(0.000 5)	161(0.314 1)
	CSI 算法	0.097 0(0.001 7)	0.051 2(0.000 7)	0.972 8(0.001 4)	0.282 9(0.000 5)	0.674 3(0.000 6)	171(0.247 9)
	SOPD 算法	**0.085 7(0.001 3)**	**0.080 7(0.000 7)**	**0.934 5(0.001 1)**	**0.282 5(0.000 8)**	**0.864 1(0.000 6)**	**152(0.432 8)**
在 Netflix 上进行实验的算法	CF 算法	0.175 5(0.000 5)	0.018 6(0.000 2)	0.871 4(0.002 2)	0.303 4(0.000 7)	0.616 7(0.001 0)	378(0.954 5)
	NBI 算法	0.166 1(0.000 4)	0.019 7(0.000 2)	0.885 9(0.002 0)	0.277 2(0.000 6)	0.672 7(0.000 7)	358(0.837 1)
	HNBI 算法	0.155 4(0.000 4)	0.021 2(0.000 2)	0.886 0(0.002 2)	0.252 9(0.000 5)	0.789 3(0.000 7)	313(0.665 1)
	PD 算法	0.130 3(0.000 4)	0.030 9(0.000 4)	0.912 5(0.001 4)	0.119 6(0.000 3)	0.962 3(0.000 3)	139(0.475 2)
	CSI 算法	0.143 7(0.000 3)	0.023 6(0.000 2)	0.906 3(0.001 6)	0.199 8(0.000 3)	0.866 1(0.000 3)	249(0.480 4)
	SOPD 算法	**0.121 7(0.000 3)**	**0.033 6(0.000 4)**	**0.915 6(0.001 5)**	**0.118 7(0.000 2)**	**0.966 6(0.000 1)**	**135(0.212 2)**

注：HNBI 算法、PD 算法和 SOPD 算法的最优参数 α 在 Movielens、Netflix 下分别为(−0.86，−0.85，−0.26)和(−1，−0.83，−0.26)。并且其他评价指标如准确率、AUC、内部相似性、汉明距离以及平均流行度的取值都对应于最优的 α。推荐列表长度 $L=50$，并且 AUC 的采样总数是 100 万次。所有的结果值都来自于 10 次结果的平均，而括号中的数字表示标准差。

表 11-3　性能比较表二

算法		$\langle r \rangle$	P	AUC	I	H	$\langle k \rangle$
在 Movielens 上进行实验的算法	CF 算法	0.122 5(0.002 0)	0.044 3(0.000 6)	0.899 0(0.002 0)	0.333 6(0.000 7)	0.482 6(0.001 3)	205(0.375 4)
	NBI 算法	0.114 3(0.001 9)	0.046 1(0.000 6)	0.909 3(0.001 7)	0.315 3(0.000 6)	0.520 9(0.001 1)	199(0.377 3)
	HNBI 算法	0.107 5(0.001 8)	0.047 8(0.000 6)	0.914 4(0.001 4)	0.300 4(0.000 7)	0.594 6(0.001 2)	189(0.337 8)
	PD 算法	0.087 7(0.001 3)	0.053 6(0.000 6)	0.934 1(0.001 5)	0.244 3(0.000 6)	0.778 1(0.000 7)	136(0.356 6)
	CSI 算法	0.097 0(0.001 7)	0.051 2(0.000 7)	0.927 8(0.001 4)	0.282 9(0.000 5)	0.674 3(0.000 6)	171(0.247 9)
	SOPD	**0.085 7(0.001 3)**	**0.053 9(0.000 6)**	**0.934 5(0.001 1)**	**0.240 5(0.000 6)**	**0.805 1(0.000 6)**	**130(0.310 5)**
在 Netflix 上进行实验的算法	CF 算法	0.175 5(0.000 5)	0.018 6(0.000 2)	0.871 4(0.002 2)	0.303 4(0.000 7)	0.616 7(0.001 0)	378(0.954 5)
	NBI 算法	0.166 1(0.000 4)	0.019 7(0.000 2)	0.885 9(0.002 0)	0.277 2(0.0006)	0.672 7(0.000 7)	358(0.837 1)
	HNBI 算法	0.155 4(0.000 4)	0.021 2(0.000 2)	0.886 0(0.002 2)	0.252 9(0.000 5)	0.789 3(0.000 7)	313(0.665 1)
	PD 算法	0.130 3(0.000 4)	0.024 2(0.000 2)	0.912 6(0.001 4)	0.126 4(0.000 3)	0.940 3(0.000 2)	146(0.364 1)
	CSI 算法	0.143 7(0.000 3)	0.023 6(0.000 2)	0.906 3(0.001 6)	0.199 8(0.000 3)	0.866 1(0.000 3)	249(0.480 4)
	SOPO 算法	**0.121 7(0.000 3)**	**0.026 4(0.000 2)**	**0.915 6(0.001 5)**	**0.125 3(0.000 1)**	**0.946 2(0.000 1)**	**144(0.161 9)**

注：HNBI 算法、RENBI 算法和 CRE 算法的最优参数 α 在 Movielens、Netflix 下分别为(−0.86，−0.76，−0.93)、(−1，−0.81，−0.88)。并且其他评价指标如准确率、AUC、内部相似性、汉明距离以及平均流行度的取值都对应于最优的 α。推荐列表长度 $L=100$，并且 AUC 的采样总数是 100 万次。所有的结果值都来自于 10 次结果的平均，而括号中的数字表示标准差。

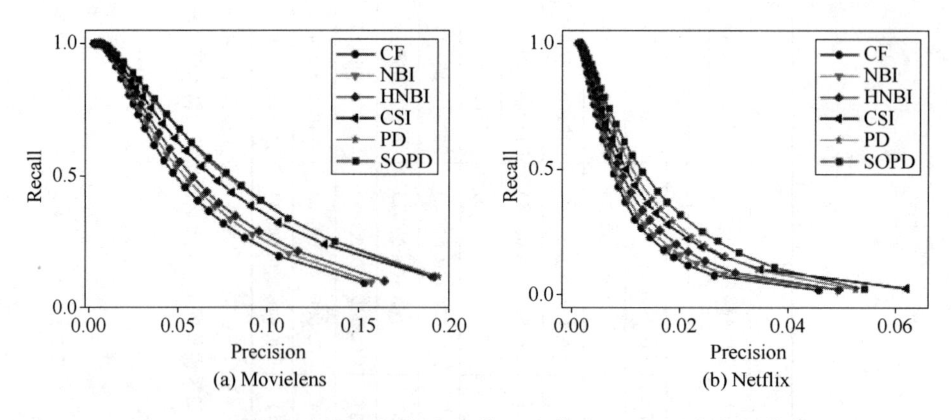

图 11-3　准确性-回调率曲线图(参数 L 取值从 1 到测试集的规模值)

11.5 本章小结

基于物理动力学,信息过滤系统可以有效地建模为物质扩散模型。虽然众多的研究者对物质扩散模型进行了研究,但是,潜在的局限性长久地影响着推荐的准确性、多样性和新奇性,导致了对物质扩散理论本质的误解。首先,非对称扩散问题来源于信息的不完整性或者说是源于二部图的不对称和稀疏性,一直影响着相似性的可靠估计,造成了相似性的高估和低估。除此之外,由于相同偏好用户对同一物品的大量选购,使得从用户向未购买物品的过度物质扩散进一步干扰了推荐的公平性和准确性,最终导致出现大量有偏的物品选择。为了有效克服这一问题,相似性应该基于对称物质扩散双向建模。同时,为了保证公平性,应该惩罚无效的流行性。据此,本章提出了基于对称和过度扩散惩罚的信息过滤算法模型 SOPD。为了验证假设的合理性,本章在数据集 Movielens 和 Netflix 上进行了大量的实验,并计算了算法的 6 个典型的性能指标,包括平均排分、准确率、AUC、内部相似性、汉明距离以及平均流行度,证实了 SOPD 算法与传统主流算法相比具有显著的准确性、多样性和新奇性,并且计算复杂度并未增加。总而言之,本章研究物质扩散的本质,考虑对称性和过度扩散惩罚,为未来有效地研究推荐算法指明了方向。

11.6 研究思考

本章从相似性链路预测角度出发,基于物质扩散理论,考虑一致性修正单向相似性估计的偏差,同时惩罚过度扩散导致未购买物品的高流行性,提高了推荐的准确性、多样性和新奇性。

读者可以从以下角度进一步思考：①本章在一致性的基础上，惩罚了过度扩散导致的未购买物品的高流行性，仅仅采用惩罚因子，这种方式是否最优，是否存在其他更好的建模方法，如直接抽取有效流行性等，对于流行性的建模方法值得深入研究；②本章考虑了未购买物品的流行性，但是没有考虑已购买物品的流行性，已购买物品的流行性也会影响最终推荐的性能，如何考虑已购买物品流行性的影响值得进一步研究；③如果能够同时考虑已购买物品和未购买物品的流行度，综合控制有效影响力，将能提升推荐算法的性能，读者可以在一致性推荐的前提下，综合考虑已购买物品和未购买物品的流行性，提出改进模型，提高推荐性能。

本章参考文献

[1] Zhu X Z, Tian H, Chen G, et al. Symmetrical and overloaded effect of diffusion in information filtering [J]. Physica A: Statistical Mechanics and Its Applications, 2017, 483: 9-15.

[2] Anderson C. The Long Tail: Why the Future of Business Is Selling Less of More [M]. New York: Hyperion Books, 2008.

[3] Qian X, Feng H, Zhao G, et al. Personalized recommendation combining user interest and social circle [J]. Knowledge and Data Engineering, IEEE Transactions on, 2014, 26 (7): 1763-1777.

[4] Ricci F, Rokach L, Shapira B, et al. Recommender systems handbook[M]. New York: Springer-Verlag, 2010.

[5] Herlocker J L, Konstan J A, Terveen L G, et al. Evaluating collaborative filtering recommender systems[J]. ACM Transactions on Information Systems (TOIS), 2004, 22 (1): 5-53.

[6] Yao L, Sheng Q Z, Ngu A H, et al. Unified collaborative and content-based web service recommendation [J]. IEEE Trans. on Services Comp., 2015, 8 (3): 453-466.

[7] Unger M. Latent Context-Aware Recommender Systems [C]// Proceedings of the 9th ACM Conference on Recommender Systems. Vienna: ACM, 2015: 383-386.

[8] Campos P G, Díez F, Cantador I. Time-aware recommender systems: a comprehensive survey and analysis of existing evaluation protocols [J]. User Modeling and User-Adapted Interaction, 2014, 24(1/2): 67-119.

[9] Zhang Z K, Zhou T, Zhang Y C. Tag-aware recommender systems: a state-of-the-art survey [J]. Journal of Computer Science and Technology, 2011, 26 (5): 767-777.

[10] Zhao Y D, Cai S M, Tang M, et al. A fast recommendation algorithm for social tagging systems: a delicious case [J]. arXiv, 2015 (1512): 08325.

[11] Liu H, Hu Z, Mian A, et al. A new user similarity model to improve the accuracy of collaborative filtering [J]. Knowledge-Based Systems, 2014 (56): 156-166.

[12] Felfernig A, Burke R. Constraint-based recommender systems: technologies and research issues[C]//Proceedings of the 10th International Conference on Electronic Commerce. New York: ACM, 2008.

[13] Maslov S, Zhang Y C. Extracting hidden information from knowledge networks[J]. Physical Review Letters, 2001, 87 (24): 248701.

[14] Ren J, Zhou T, Zhang Y C. Information filtering via self-consistent refinement [J]. EPL (Europhysics Letters), 2008, 82 (5): 58007.

[15] Goldberg K, Roeder T, Gupta D, et al. Eigentaste: a constant time collaborative filtering algorithm [J]. Information Retrieval, 2001, 4 (2): 133-151.

[16] Zhang Y C, Blattner M, Yu Y K. Heat conduction process on community networks as a recommendation model [J]. Physical Review Letters, 2007, 99(15): 154301.

[17] Zhou T, Ren J, Medo M, et al. Bipartite network projection and personal recommendation [J]. Physical Review. E Statistical, Nonlinear, and Soft Matter Physics, 2007, 76 (4): 046115.

[18] Zhang Y C, Medo M, Ren J, et al. Recommendation model based on opinion diffusion[J]. EPL, 2007, 80 (6): 68003.

[19] Zhou T, Jiang L L, Su R Q, et al. Effect of initial configuration on network-based recommendation [J]. EPL (Europhysics Letters), 2008, 81(5): 58004.

[20] Zhou T, Su R Q, Liu R R, et al. Accurate and diverse recommendations via eliminating redundant correlations[J]. New Journal of Physics, 2009, 11 (12): 123008.

[21] Kitsak M, Gallos L K, Havlin S, et al. Identification of influential spreaders in complex networks [J]. Nature Physics, 2010, 6 (11): 888-893.

[22] Lü L Y, Liu W. Information filtering via preferential diffusion[J]. Physical Review. E Statistical, Nonlinear, and Soft Matter Physics, 2011, 83(6):

066119.

[23] Pei S,Maks H A. Spreading dynamics in complex networks [J]. Journal of Statistical Mechanics:Theory and Experiment,2013,12 (2013):12002.

[24] Zhu X Z,Tian H,Cai S. Personalized recommendation with corrected similarity [J]. Journal of Statistical Mechanics:Theory and Experiment,2014 (7):07004.

[25] Zhu X Z,Tian H,Zhang P,et al. Personalized recommendation based on unbiased consistence [J]. EPL (Europhys. Lett.),2015 (111):48007.

[26] Burke R. Hybrid recommender systems:survey and experiments [J]. User Modeling and User-adapted Interaction,2002,12 (4):331-370.

[27] Zhou T,Kuscsik Z,Liu J G,et al. Solving the apparent diversity-accuracy dilemma of recommender systems [J]. Proceedings of the National Academy of Sciences (USA),2010,107 (10):4511-4515.

[28] Lü L Y,Medo M,Yeung C H,et al. Recommender systems [J]. Physics Reports,2012,519(1):1-49.

[29] Davis J,Goadrich M. The relationship between Precision-Recall and ROC curves [C]// Proceedings of the 23rd International Conference on Machine Learning. Pittsburgh:ACM,2006:233-240.

第4部分

总结与未来展望

第12章 总结和展望

12.1 总　　结

互联网技术、Web技术和智能终端技术得到了广泛发展，极大地改变了人们的日常生活方式，人们渐渐习惯于智能信息技术所提供的便捷服务。当前众多社交应用提供了广泛的虚拟交友服务，如Twitter、Facebook、人人网、陌陌、微信、QQ等，在虚拟空间中，人们可以在寻找老朋友的同时发现新朋友，丰富自身的社交生活；众多新闻网站（如新浪新闻、网易新闻、腾讯新闻等）提供了丰富多彩的时事新闻，通过智能应用，这些新闻网站向用户推荐有趣的新闻话题和热点事件；众多的娱乐应用使人们的生活变得多姿多彩，例如，优酷土豆、爱奇艺、搜狐视频、Youtube、Netflix、Movielens等提供了丰富多样的视频服务，百度音乐、豆瓣音乐、腾讯音乐等提供种类繁多的在线音乐服务，通过这些娱乐应用，人们享受到了便捷丰富的视听体验；除了上述服务外，在线购物也是信息服务的一个重大特色，人们足不出户就能实现大部分的购物需求，如京东、淘宝、1号店、亚马逊、当当网等，尤其突出的是，在各大购物网站的“双十一”购物节上，人们的在线购物量达到了前所未有的高峰。

随着经济和社会的不断发展，在网络上出现的信息量不断增多，一方面人们可以选择的物品越来越多，另一方面却造成了人们信息检索的困难。数据信息的爆发式增长，使得人力信息搜索显得力不从心，渴求信息的人们被阻挡在了海量数据之前，造成了商品销售中的长尾效应，推荐系统的出现有效地改变了这种尴尬局面。它利用用户的个人信息，如用户活动的历史记录，来发现用户的喜好，进而从海量信息中过滤出符合用户偏好的数据。推荐系统极大地提高了长尾物品的销售量，增加了用户的满意度和忠诚度。

在经济和社会生活中，推荐技术呈现的意义和价值越来越重要。在这个重大的研究和应用意义下，从工程科学到市场实践，从数学分析到计算研究，涌现出了多种多样的推荐算法。其中，基于相似性链路预测的协作推荐算法受到了广泛关注，而基于相似性链路预测的推荐算法需要在两个方面进行研究，一个是相似性链路预测，另一个是基于相似性的协作推荐。前者是后者的基础，后者是前者的目标和应用。

链路预测的目的是发现在网络中未相连的节点间未来发生连接的可能性。在众多算法中，基于网络拓扑相似性的链路预测算法得到了广泛研究，主要分为基于局部相似性、基于全局相似性和基于半局部相似性 3 类算法。传统研究虽然取得了重要突破，但是仍然有些不足。本书针对传统研究的不足提出了改进。

① 在基于局部路径相似性的研究中，经典算法忽略了弱关系在不同网络中的差异性。由于在不同网络中，节点度分布差异较大，会使弱关系程度呈现出较大差别，因此必须提高算法对不同网络的适应性，更好地发现和区分弱关系的影响。研究发现，小度邻居节点的中介能力强，向两端点传递相似性的概率大，而大度邻居节点却相反，因此需要突出小度邻居节点的弱关系，增加弱关系所连接端点的相似性权重，因而本书在 AA 算法、RA 算法的基础上，增加了一个指数惩罚因子，在网络邻居节点中，惩罚大度节点的强关系，突出小度节点的弱关系，在具有不同度分布的网络中，自适应寻找最优惩罚因子，最大程度突出弱关系的作用。

② 在基于半局部路径相似性的研究中，大多数已存在的算法仅是简单地求和两点间的路径数，忽略了路径本身的异构性。不同长度路径对相似性传递能力不同，即使是相同长度的路径，由于结构的差异，对两端点之间的相似性传递能力也不相同。进一步研究发现，路径由具有不同度值的节点组成，而端点间相似性的传递能力取决于中间节点的中介能力。基于对小度节点中介能力强，大度节点中介能力弱的认识，并且考虑不同网络度分布的差异性，本书提出了一个在异构路径中发现路径重要性的 SP 算法，不仅强调短路径的传递能力，而且考虑了重要的长路径，同时突出路径中小度节点的中介性，给相似性传递能力较强的路径赋予较大权重，能更加有效地发现潜在连边。

③ 在基于半局部路径相似性的研究中，大多数算法对拓扑路径的研究较多，而对端点度的考虑比较有限。传统算法将端点度看作端点影响力，考虑影响力在端点之间的传递能力，建模端点间相似性。通过研究发现，这样的假设忽略了端点中无贡献的连边关系，夸大了端点有效影响力。在真实网络中，虽然端点有较多连边，形成了端点度，并具有了对外界的影响力，但是并不能将所有影响力传递到任意给定对端。因为端点连边并不一定都有路径连接到对端，即对端所看到的源端影响力是有限的，而这些对于对端有限的影响力才是真正有意义的影响力，称之为有效影响力。通过计算端点到对端的连通路径数，建模有效影响力，同时考虑有限长路径的连通能力差异，本书提出了有效路径算法，可以较好地适应不同网络的拓扑结构，并极大地提高了链路预测的性能。

在同性质节点的一般网络上，基于网络拓扑特性，研究节点间的链路预测算法，可以简便有效地发现端点间的相似性，而对于基于相似性的链路预测算法，可以在二部图网络上辅助研究推荐算法。在二部图网络上进行推荐，重要的是探索物品间相似性，即两个物品间的联系强度。虽然二部图网络与一般网络存在差别，即相比于一般网络，二部图网络由两种不同性质的节点组成，这使得在物品节点间的路径上存在用户节点。对路径中的节点异质性问题，研究者们发现，可以借助于超图和物质能量扩散方法，允许影响力通过路径中的用户节点进行扩散，映射物品间相似性，进而利用协作技术完成最终推荐，这种算法被称为基于相似性链路预测的协作推荐算法，这些算法在实际推荐系统中，由于简便性和有效性获得了极大成功，但是这些算法的研究仍然存在局限性，通过进一步的研究，本书提出了如下改进算法。

① 传统相似性推荐算法基于局部相似性链路预测，认为两个物品的公共邻居越多，即同时购买两个物品的用户数越多，两个物品越相似。当已知用户所购买的物品时，就可以通过相似性理论得知未购买物品与已购买物品之间的相似性关系。但是由于二部图网络数据的稀疏性和非对称性，即使单向推断两个物品是相似的，两个物品事实上也并非那么相似，导致了相似性的高估和低估问题。究其原因，传统相似性估计仅考虑了从已购买物品到未购买物品的正向相似性，忽视了从未购买物品到已购买物品的反向相似性，本书利用反向相似性修正正向相似性，得到了修正相似性推荐算法，有效地解决了高估和低估问题，极大地提高了推荐算法的预测性能。

② 通常根据用户的购买历史，传统推荐算法实现相似性推荐，即根据用户曾经购买的物品，推测未来会购买的物品，这个推荐过程本质上是一个因果性推荐，在这种因果关系主导的推荐中，因果时间关系是非常关键的因素。但是在大多数情况下，如对于食物、电影、音乐等的推荐，这种时间上的先后关系就不存在了，并且用户购买物品的先后时间顺序也并不能反映任何因果关系。研究表明，绝大多数用户的选择应该被解释为基于偏好的一致性，用户之所以会购买两个物品，是由于对物品一致性喜好，也正是由于用户喜好的稳定性，无论从已购买物品推荐未购买物品，还是从未购买物品推荐已购买物品，推荐才会高度一致，并且一致性越强，用户购买新物品的可能性越大。而且对不同物品，除了一致性喜好之外，喜好程度也有差别，因此除了考虑喜好一致性之外，还应考虑喜好程度的差别。基于以上进一步的分析，本书提出了一致性推荐算法和非平衡一致性推荐算法，研究表明，相比于传统基于因果性的算法，基于一致性的推荐算法能更加有效地提升推荐的准确性、多样性和新奇性。

③ 在推荐系统的研究中，基于物质扩散理论的研究极大地推动了信息过滤算法的有效改进，提高了推荐的准确性、多样性和新奇性。以往研究发现，传统的物质扩散理论在估计物品之间的相似性时认为，如果从已购买物品到未购买物品物

质扩散比例较大，那么已购买物品与未购买物品之间具有较高的相似性。但是，传统的物质扩散算法估计相似性存在高估或低估的偏差，通过计算未购买物品与已购买物品的相似性，修正传统单向相似性的不足，实现一致性推荐，可以有效提高推荐的准确性。但是进一步研究发现，在传统的物质扩散算法中，由于物品之间存在属性相关性，计算得到的相似性存在高阶冗余，而且反向相似性的引入，在未消除传统高阶相似性冗余的情况下，进一步引入了次生高阶冗余，导致了推荐准确性、多样性和新奇性的下降。本书认为应在对称修正的基础上进一步删除冗余相似性，为此，提出了修正冗余相似性删除算法，实验证明，CRE 算法能有效改进推荐的准确性、多样性和新奇性，并相比于传统算法，有不同程度的性能提升。

④ 考虑反向相似性修正的对称扩散有效提高了推荐的准确性、多样性和新奇性，进一步提出了 CSI、CBI 和 CRE 等算法。但是继续研究发现，虽然修正了相似性，抑制了高阶相似性冗余，但是在物质扩散的最后阶段，可能存在无效的冗余流行性。物品流行是由于有多个用户同时选购了这个物品，但是用户选择这个物品的原因有可能相同，也有可能不同。如果由于多样性的原因选择了物品，那么用户的选择就具有多样性，物品的流行性也就具有重要的吸引价值，其他用户选择这个物品就不会单调。但是，如果大量的用户选择这个物品是由于同一个偏好，使得从用户到物品的物质扩散出现过度现象，会造成物品流行性缺乏多样性价值，进而误导未来用户的选择，影响推荐的准确性、多样性和新奇性。为了解决这个问题，本书认为应该在对称扩散的基础上，抑制冗余流行性，因此提出了基于一致性的对称惩罚过度扩散算法。经过在两个经典数据集 Movielens 和 Netflix 上的大量实验，与传统主流算法相比，结果证明 SOPD 算法可以有效提升推荐的准确性、多样性和新奇性。

12.2 未来研究展望

随着互联网技术的不断发展和电子商务网站软硬件条件的提升，推荐系统能提供的物品和服务越来越多，同时使用推荐系统的用户也越来越多，推荐系统自身聚集了海量的物品信息和用户信息，不仅记录了难以计数的物品销售信息和用户的购买状况，同时提供了多种多样的方式以获取用户的偏好信息。物品销售信息、用户购买信息和用户偏好信息不断涌现，使得总体数据量呈爆发式增长：一方面，增加了数据信息的稠密度，有可能克服以往信息稀疏带来的低效率推荐问题；另一方面，增加了重要信息的处理难度，会使得推荐效率降低，同时造成较高的差错率。除了推荐系统本身出现的机遇和挑战之外，社交网络的发展也给跨平台推荐带来了良机。由于在推荐系统中，算法的关键是寻找物品或者用户间的相似性，以往都通过用户购买物品的历史来估算相似性，容易出现相似性估计偏差。社交网络中存在丰富的用户关联关系，可以很好地修正推荐系统中的估计误差。

在大数据的时代背景下，要想对推荐算法进行准确的相似性建模，仍然有很多工作要做，本书的研究仅仅是推荐系统研究中的沧海一粟，要想不断推进推荐算法的发展，需要根据时代的需求做进一步的研究。在此针对未来的研究工作，笔者提出一些自己的看法和思路，概括如下。

① 不断增强的推荐系统可以推荐越来越多的物品，吸引了越来越多的用户，同时用户展示偏好的途径也越来越多。对于相似性的建模，传统基于链路预测的协作推荐算法多立足于网络拓扑结构，即历史购买关系，基于这样的考虑，所获得的信息量是有限的，而且推荐系统的物品信息和用户偏好信息呈现出海量存储状态，未来的研究需要借助于数据挖掘和深度学习技术，高效地抽取出具有关键价值的用户偏好和物品关联信息，辅助基于网络拓扑的相似性建模，提高相似性估计的准确性和有效性。

② 当前的推荐系统种类繁多，即使是同一类推荐系统，数量也较多，这意味着可以向用户提供的服务也较多。通常一个用户不会仅在一家网站购物，而会在多个网站挑选自己喜爱的物品，这样在不同的推荐系统中，都会留下用户的购买和偏好信息。在一个网站中用户的信息是稀疏的，但是如果综合考虑多个推荐系统中的用户偏好信息，将能降低数据的稀疏性，提高相似性建模的准确度，因此，未来可以考虑在多个推荐系统之间，共享用户信息，增加有效信息的稠密度，进而实现多系统下的相似性推荐建模。

③ 基于相似性的协作推荐，算法的核心是发现物品间或者用户间的相似性，尤其是需要进一步探索用户相似性建模。互联网技术的飞速发展，推动了社交网络的蓬勃发展，社交网络可以发现人们之间的关联关系，是发现人们之间相似性的绝佳平台，而且在社交网络中，对于用户偏好的挖掘尤其充分，好友社团、趣味社区等的应用层出不穷，更重要的是，越来越多的推荐系统开始和社交网络发生交融，如淘宝和新浪微博的“联姻”，这样社交网络可以帮助推荐系统改进推荐算法。因此，在未来的研究中，可以考虑利用社交网络中的好友信息，挖掘出用户偏好的相似性，并将基于此建模推荐系统的相似性，从根本上把握用户心理，补充和修正传统相似性估计的误差和缺陷，这将极大地提升推荐算法的准确性、多样性和新奇性。

此外，基于链路预测本书研究了相似性协作推荐算法，并基于一致相似性修正算法，进一步提出了高阶相似性冗余删除算法和过度扩散惩罚算法。虽然在一定程度上提升了推荐的性能，但是性能仍有提升空间，未来将深入研究二部图协作推荐机理，发现更多潜在因素，进一步改进算法模型，可以预见将能有效提升算法的准确性、多样性和新奇性。